地方志災異資料叢刊

第二編

4

于春媚 賈貴榮 編

國家圖書館出版社

第四冊目録

【光緒】利津縣志

（清）盛贊熙修　（清）余朝棻等纂

清光緒九年（1883）刻本

利津縣志卷第十

雜志

雜志者志緒餘也雜之名始見於易雜卦禮上下雜記二篇洎乎後代以雜名書者則有雜事雜記雜略雜說之類郡邑乘之有雜稽頁有自矣㮣事之可稽者紛揉錯出欲一二詳之而無可附麗削之則文不備登之則例不協以之列諸雜志宜也即摻奇綴瑣或亦識者所弗病歟

祥異

元

泰定元年八月霖雨害稼

明

正德六年流賊劉七等寇城不克而還

宏治四年大饑

嘉靖三年七月飛蝗傷稼

八年彗星見

十年十一月夜天星散落如雪其光燭地

十四年蝗傷稼歲大饑

二十七年八月十一日地震

三十年麥秀兩歧穀有雙穗

三十一年五月大清河溢壞城郭民居

三十二年七月十八日大清河溢大傷禾稼歲祲

三十六年八月大風雨偃禾拔木秋稼不登歲大饑餓殍相望

隆慶三年七月霪雨河水溢城不浸者數版

四年民某一產三男

萬歷十九年子花蟲徧野知縣李茂春虔禱於八蜡廟未幾被鴉啄盡不爲害

二十一年蝗飛蔽天

二十五年正月初六日大風七月旱

二十六年五月雹傷麥七月潦務本鄉爲甚

二十七年二月初二日大風黃沙蔽日商賈罷市秋七月霪雨害稼務本鄉尤甚

四十三年大饑人相食

崇正十三年大饑人相食蝗傷麥

十五年城陷死者三千餘人

國朝

十六年正月二月日赤無光歷四旬有餘又有兩日相盪

順治元年牛生犢二頭一身二尾
七年黄河水決溢至大淸河淹没田舍爲害六年
康熙三年大旱
七年三月二十九日大風海溢數十里人畜多傷六月十七日地
震房屋多圯
十年六月十九日大風雨木盡拔
十八年大饑
四十三年大水歲大饑人相食
四十四年五月十八日大風拔木
四十九年大稔
雍正元年四月初七日大風晝晦
七年大稔

八年大水傷禾稼壞民舍
十三年河水一日三潮
乾隆二年民家犬生子一頭二尾七足
四年七月河水溢
十一年三月大風晝晦
十二年河水溢
十六年河水溢
十八年秋八月海水溢數十里漂没民屋鹵壞民田
二十二年縣民宋世烈妻張氏一產三男
詔賜米五石布十疋共折銀五兩
十八年海水溢
二十年水潮爲灾

二十四年水潮爲灾

三十年霪雨成灾

三十一年河水成灾

三十三年秋八月海水泛溢溺死百餘人

嘉慶八年探馬哨决口黄水浸溢成灾

二十三年水潮爲灾

二十四年河水泛溢

道光九年夏地震

十年春二月地微震

十一年夏六月雹傷禾

十五年旱蝗歲大饑　縣民馬恭妻宋氏一產三男

二十五年春海潮爲灾

咸豐五年黃河北徙入大清河由鐵門關入海是年以後河水泛溢無歲不有筆不勝書已詳大清河圖後互見可也

六年旱蝗

九年夏月華

十年春二月大風晝晦

十一年春恠風挾雲自西北起晦如夜　秋七月孛星經天　捻匪擾邑南界闔邑戒嚴

同治元年六月大疫　秋七月十五日夜流星如織

六年捻匪擾邑東境數月始靖

七年捻匪擾邑西境防禦被難者百餘人

光緒元年大旱

三年春夏不雨歲大饑

四年春大風土盡起禾稼不登

六年有年

七年夏六月孛星入紫微垣　冬十有二月望月重暈白氣貫日

八年春正月朔日重暈　秋八月孛星見於東方　太白晝見

【民國】利津縣續志

王廷彥修　蓋爾佶纂

民國二十四年(1935)鉛印本

利津縣續志卷第九

雜志

史氏之流十其八曰雜記後代雜志義蓋由此然宇宙一紛雜場也天時人事錯綜變化形勢光怪不知幾千萬狀矣利津僻陋無多奇異惟年遠日久或細故瑣聞因小見大即其事有足鑒義所可採者輯之留心世故者或亦有取於斯云

災異

清光緒十四年五月初四日地震房屋倒塌甚多秋七月自初一日至十一日大雨連綿勢如倒盆田禾廬舍多被淹沒城西官莊大門張兩莊因圈入黃壩套內勢如壺底雨水傾注無處宣洩民

房蕩然無存至今四十餘年該兩莊人回家構室者尚不及半數

光緒十五年歲大饑縣境貧民多食草種糠穀甚有碾碎屋上敗草作食料以充饑者

光緒二十六年夏霍亂疫起縣境村莊無一幸免城西關家家戶戶傳染死亡甚有一家盡死無人葬埋者

光緒二十七年夏義和拳起由直隸鹽山傳來初爲數甚少設壇上神舞刀過鎖傳言能避槍炮不匝月間幾於無村不有初以捉拿洋教振興中國爲名後奸宄之徒假借名義焚殺搶掠無惡不作官府不能制止全縣沸然嗣山東巡撫委營長督啓勛來利剿撫並施不數日間拳匪絕跡縣境肅然

民國二年春夏之交大旱蝗田苗齧食殆盡

民國六年蝗蝻爲災多在海灘淤地七年八年連歲蝗災亦重

民國十年麵條溝一帶被海水潮堿地畝甚多

民國十七年秋飛蝗徧野近海淤地股匪滋擾農業荒失

民國二十一年夏霍亂疫行傳染全縣城裏北街一日死至數十人全城總計死五百餘人縣境死亡其數不詳

【光緒】霑化縣志

（清）聯印修　（清）張會一、耿翔儀纂

清光緒十七年（1891）刻本

霑化縣志卷之十四

祥異志

齊景公見星知警熒惑遠遷唐太宗掇蝗能吞禾稼無害天示災祥所以勸懲斯人上而官師下而人物疇不顧而懔懔於此者志災祥

金

大定二年六月棣濱二州大熟　十六年山東旱蝗

明昌三年山東大饑詔德州防禦使王擴賑貸饑民

四年山東大稔　貞祐三年十二月太白晝見於危八十有五日乃伏　定興二年秋棣州裨將張聚殺

防禦使斜卯重興據棣州以叛遂襲濱州轉運使田
琢遣棣州提控紇石烈醜漢會兵討之三年秋元帥
張林奉棣州諸郡版籍歸於宋未幾元將木華黎攻
下棣州諸郡復降於元

元

中統三年李璮反濱棣安撫使韓世安率兵大破之
五月濱棣二州大旱焦禾稼 四年秋八月濱棣二
州蝗 至元元年濱棣大水 五年濟南郡縣大水
詔以米十二萬八千九百石賑之 二十五年饑詔
停山東租稅 三十一年濟南郡蝗 大德二年二

月歲星熒惑太白聚於危四月山東蝗 五年濱棣
二州饑 六年濟南郡大水 至大元年饑 皇慶
元年旱 至治二年霪雨害稼 三年霪雨害稼
泰定元年濱州饑八月霪雨害稼 三年濟南路饑
免郡縣稅時霑化縣屬濟南路 至正六年二月濟
南路地震七日乃止 七年三月濟南路地震有聲
如雷天雨白毛 十二年二月慧星見於危宿三月
夜不見星白氣貫於天凡三十四日始滅四月朔長
星見於虛危間其形如練長十餘丈四十餘日乃滅
六月白氣起虛危宿婦太微垣 十六年山東大水

十七年山東大饑人相食　二十年山東地震雨白毛二十二年夜有白氣如孛起危宿長數百丈埽太微二月慧見於危宿光芒長丈餘色青白四月長星見於虛危之間四十日乃隱　二十三年山東無麥赤地千里　二十六年八月大清河決濱州居民漂溺殆盡　二十七年五月山東地震　一十八年二月明大將徐達率華雲龍等取諸州邑縣歸於明

明

洪武元年蠲免山東新附州縣夏秋稅糧　二年山東旱詔蠲免稅糧　三年再免山東租　五年山東

饑詔發粟賑之　十年山東大稔斗米七錢二月詔
免山東稅糧　十八年七月山東旱詔免秋糧
二十八年蠲免秋糧　永樂元年命寶源局鑄農器
給山東被兵之民七月山東郡縣野蠶成繭　十八
年蒲臺妖婦唐賽兒煽亂旁境被其叔掠都指揮衛
青等討平之　洪熙元年免山東田祖之半　景泰
三年饑　天順四年濱州麥秀雙歧　成化九年三
月風霾晝晦大饑　十年大稔斗米七錢　十七年
秋七月霪雨　宏治十七年旱　正德元年流賊劉
六齊彥明等屠掠城邑邑李輔獨身當賊痛陳害不

可入狀賊義之不入霑境　六年流賊入邑蹂躪最慘屠氏幾盡　嘉靖九年彗星見次於畢危經月而滅　二十六年五月二十五日星隕如雨天鼓鳴秋濱州大水滂恆雨中龍見　二十七年七月濱州大雨雹積日不化　二十八年八月濱州地震　二十九年兵部尚書丁汝夔為奸相嚴嵩搆陷罹刑天地陰慘十日　三十一年濱州大稔麥兩歧穀雙穗

三十二年饑濱州土寇作亂　三十六年七月烈風霾雨壞廬舍傷禾稼　三十七年大水　四十年春地震　萬歷元年旱　九年彗星見於西北　十二

年大疫　二十三年有秋　二十五年春濟南河井溝瀆之水無風而沸諸州邑皆同夏五月霪雨浹旬麥禾盡浥歲大饑　二十九年有秋　三十年大水　三十三年三月地震　三十四年大水　三十五年大水　三十九年瘟疫盛行　四十三年秋妖火見邑東青州窪夜有火如毬如練如燈籠如積燔遠望如旗幟人馬狀又有如官衛捧香爐而走者迫視之無所見每夜人狂走聚觀經月乃息是年邑大旱人相食隣邑皆大饑詔發帑金一十六萬倉粟十六萬石遣御史過庭訓賑之　四十六年東方白氣亙天

埽斗口　十月彗星見三月方息十二月白虹貫日

天啟元年二月初三日日暈兩珥如月內紅白光熌

閃爍如玉環大竟天西東北方各有慘淡日形暈上

大圍青紅如虹者二外向與日光相背自辰至午方

散七月旱蝗　二年正月初一日日生三珥旁有白

氣一道日暈於亢枵之次五月太白晝見隨日而轉

七月海溢　四年正月朔至初三日日暈環抱二珥

一珥抱日一珥背日有赤白氣相射十二日日暈四

圍如銀光蕩漾又紫赤光上下繚繞秋熒惑入南斗

四十餘日十月天鼓鳴起東南迄西北有聲如雷十

二月十七日夜月有三暈暈黑色暈外四珥白色皆外向復有黑氣貫月者三十九日日生兩珥　五年四月太白晝見　崇禎三年三月大雨雹　四年二月白虹貫日　九年十一月十七日星隕天鼓鳴二次自北而南　十年夏旱無麥八月至十二月日出入時血氣周天　十一年夏五月蝗十二月初十日日生二暈白色如連環　十二年大旱民饑　十三年閏正月元日雷電大作雨雪盈尺二月日出如血大風霾六月日出時復赤如血夏秋大旱蝗野無寸草道殣相望寇賊蜂起人相食　十四年大旱饑斗

粟二金殍骨盈野人相食幾絶　十五年復大旱蝗冬十二月大兵南下邑令宋一貞斂衆守城　十六年正月二日日赤無光歷四十餘日又有兩日相盪冬太白晝見除夕雷雨大作　十七年三月十九日逆闖李自成陷京師夏四月僞令李調鼎至任五月邑人李百流率衆殺之

大清定鼎舊知縣宋一貞率衆來歸

國朝

順治三年十一月初三日土寇入城知縣馬允昌典史劉重不屈死之　四年正月元日雷震六月二十

七日日中星見秋霪雨六旬大水禾廬盡壞或自海上乘舟至縣牽挽百餘里　六年二月黃河水大至淹没西關民居之半有異獸見西郊　七年黃河決荆隆口衝張秋隄大清河溢漂没濱州商河海豐霑化等縣廬舍田禾舟行陸道無異江湖水至邑東北入海經五年水土始平　八年秋七月大風雨河水大至　九年夏五月颶風大作飛瓦走石木盡拔大雨五十日河水張發村落淹没城幾没田禾盡無　十年秋白龍灣決水夜至城壘土以守　十一年秋黃河又決漫汜彌甚陸地行舟野蔬來　十二年夏

有麥　康熙三年四月二十三日隕霜殺麥夏秋不雨冬無雪旱饑十月慧星見於西南　四年旱麥盡枯奉

詔捐本年租稅發帑金賑之　七年三月海溢數十里人畜死者千百計六月十七日夜地大震是年豐麥每斗四分米每斗三分　十一年七月彗星見　十二年七月彗星見　十三年四月三十日晝晦訛言采女一時嫁娶殆盡　十七年二月九日天鼓鳴星隕火光燭地　十八年夏旱蝗六月二十四日白氣貫天自東北直向東南七月十二日星隕二十八日地

震八月地復屢震是歲蝗蝻害稼大饑奉
旨蠲田租十之三　十九年旱十一月彗星夕見由西南
遞東北白氣亘天經兩月始滅　二十一年旱蝗蝻
蝻害稼草穗皆空　二十三年秋大水　二十四年
春鹽貴每斗千錢　二十五年有麥秋大水　二十
七年有年　二十八年正月
駕南巡免明年山東全租　三十年自春不雨至於夏六
月蝗復爲災米價騰貴至罷市盜四起蓋藏之家咸
蕩盡七月雨乃定未幾蝻生晚禾死　三十一年大
疫暑知縣周某發倉賑飢五月雨滂平地水深尺餘

麥麰皆漂 三十二年鹽徒擾東鄙 三十三年夏
霪雨漂麥 三十八年秋八月雷震大雨雹 四十
一年孛星見秋大雨水奉
旨免賦 四十二年春正月雨雪而雷二月既望海溢颶
風大作六月朔霪雨連日秋黃河決水大至田禾盡
沒村民築堰以居懸釜而炊死徒無算海舟至城下
露境幾墟
詔蠲明年山東全租是冬奉
旨賑飢每縣旂員六人開六廠自十一月至明年五月止
四十三年旱蝗大饑斗米千錢民食草木及土輒枯

死是冬再賑粥自十二月至明年五月止 四十四
年春大旱蝗
詔免租五月十八日午刻大風拔木飄瓦六月初一日慶
新年秋虸蚄生旋有地蛉食之盡不為災 四十五
年夏大旱蒼諸見夜闌空際如流水聲飛出蔽天墜
地如蟢螂（府志作蟯螂）形小色金識者曰此蒼諸也見則
歲凶 四十七年春正月至六月不雨蝗蝻生七月
虸蚄生害稼二十五日無雲而雷殺人九月雪夜見
兩月 四十八年春正月元日日有雙珥三月十四
日石皆出汗七月蝻生八月霪雨害稼九月雪 五

十年六月初八日星隕於邑郊　五十二年始發帑
買穀貯倉
詔免滋生丁賦自五十年編審册定爲常以後續生丁永
不加賦　五十三年二月海溢五月十三日雨至八
月十五日止　五十五年鹽徒擾東鄙知縣沈文崧
率鄉兵禦之鄉民孔小九巡役馮福皆傷死　五十
八年正月井凍十五日邑始作燈　五十九年六月
初八日地震　六十年四月大雨雹蚄生旋飲露
死　六十一年正月朔日食十月至十一月雨結樹
木皆白　雍正二年陞濱州爲直隸州以霑化隸之

德米入大糧正月大風二月愈熾風中有火行人皆見是歲大疫人多死　乾隆元年十二月二十四日酉時天鼓鳴有星自東南隕於西北　七年十二月彗出金宿光踰尺至明年正月乃滅彗長尺許夕出指東北久之則朝出指西南前後五十餘日山左連歉蓋其驗歟　八年大旱行人多熱死奉
旨截漕發帑溥賑饑民減免本年田租　九年大旱
詔免田租十之六　十一年旱饑奉
旨賑卹　十二年大水奉
旨賑饑減免本年田租　十三年正月望孛犯太陰

恩旨蠲免全省錢糧時普免天下田賦而東省免於是年

十六年大水為災　十八年三月太白經天八月大

水　十九年大水邑令呂錦奉文發帑重修城　二

十年蝗生未害稼有秋　二十一年有年　二十二

年大稔　二十三年有年　二十四年夏海水溢漂

沒田禾廬舍奉

旨賑卹免本年田租　五十一年大旱　五十七年大旱

詔賑濟一月口糧　五十八年加賑一月口糧　嘉慶元

年大雨水奉

詔賑卹　八年探　哨決口黃水漫溢奉

詔賑卹　十七年三月二十一日黑風起自西北日曀無
光　十八年春彗星見於西北光芒數丈至秋方沒
二十年正月西南方白氣亘天向東北數丈　二
十三年海溢奉
詔撫卹一月口糧　二十四年黃水漫溢奉
詔蠲賑有差　道光元年四月朔日月合璧五星連珠自
夏至秋霪雨害稼癘疫盛行死者無算　四年春天
雨土大稔　五年夏彗星見　六年秋大雨水　八
九年秋霪雨害稼　十年十月十六日子時地震一
時餘申時又震　十一年五月初八日酉時地震秋

大雨　十二年大饑　斗粟京錢一千二百零十五六七八九等年霪雨害稼　二十年正月雷震夏蝗秋大雨水　二十二年夏旱秋大雨水　三十三年夏彗星見　二十四年秋大雨水　二十五年春海溢夏霪雨害稼奉

詔賑卹蠲免潮淹地糧　二十六年秋大雨水　二十七年夏蝗秋大雨水　二十八九年秋大雨水　三十年正月朔日食秋大雨水　咸豐元年秋大雨水

二年六月大風拔木偃禾海水溢秋疫歲大祲　四年夏旱秋大雨水　五年正月十九日雷震夏蝗大

雨水黄河自銅瓦廂決口入大清河漫溢奉

詔賑卹　六七年徒駭水溢　八年八月彗星見於西北光芒數丈至九月後没　十年春多雪有年　十一年正月朔日色如火　同治元年二月二十六日風霾日曀六月癘疫盛行　二年四月有火星長數丈自西南流向東北　三年有秋　五年正月二十八日風霾　六年黄水溢　七年四月捻逆張総愚蹂躪遍境六月官軍勦捕肅清　九年元旦日食初三日夜遍地火光二十五日風霾日曀　十年正月二十八日太白星晝見秋霪雨害稼　十一年秋霪雨

害稼　十三年四月二十日夜地震有麥夏旱彗星
見　光緒元年有年　二年有秋　三年旱大饑
四年有秋　五年大雨水　六年有年　八九十十
一二三等年黃水漫溢大饑奉
詔賑蠲有差江浙義賑相繼　十四年五月初四日地震
秋大雨水歲祲　十五年秋黃水漫溢村舍多傾圮
大饑奉
詔賑蠲有差江蘇天津義賑相繼民資生活

【民國】霑化縣志

梁建章修　于清泮纂

民國二十四年(1935)鉛印本

大事記

舊志有記事一目，專記自金大定二年，至清光緒十六年之災祥，其間災過十分之九，祥不及十分之一，霑民之疾苦可知。夫日食地震，乃自然之數，旱蝗兵疫，非一縣所獨，而舊志必大書特書者，蓋仿春秋記災之例，借此以儆人耳。況霑民最苦水患，海溢河決之災，不時發現，霪雨水潦，動成凶歲，居是土者，自當設法禦災，未可舍人事聽天命也。茲仍錄舊志所載，續以新聞，彙為大事記，以便省覽，邦人君子，其亦思患而預防乎。

濟南山東印刷局承印

▲金

大定二年、六月、棣濱二州大熟。

十六年、山東旱、蝗。

明昌三年、山東大饑。詔德州防禦使王擴貸饑民。

四年、山東大稔。

貞祐三年、十二月、太白晝見於危，八十有五日乃伏。

定興二年、秋、棣州裨將張聚殺防禦使斜卯重興，據棣州以叛，遂襲濱州。轉運使田琢遣棣州提控紇石烈醜漢會兵討之。

三年、秋、元帥張林奉棣州諸郡版籍歸於宋，未幾、元將木華

濟南山東印刷局承印

黎攻下棣州諸郡，復降於元。

▲元

中統三年、李璮反、濱棣安撫使韓世安率兵大破之。五月、濱棣二州大旱、焦禾稼。

四年、秋、八月、濱棣二州蝗。

至元元年、濱棣大水。

五年、濟南郡縣大水。詔以米十二萬八千九百石賑之。

二十五年、饑。詔停山東租稅。

三十一年、濟南郡蝗。

濟南山東印刷局承印

大德二年、二月、歲星熒惑太白聚於危。四月、山東蝗。

五年、濱棣二州饑。

十六年、濟南郡大水。

至大元年、饑。

皇慶元年、旱。

至治二年、霪雨害稼。

三年、霪雨害稼。

泰定元年、濱州饑。八月、霪雨害稼。

三年、濟南路饑。免郡縣稅。

濟南山東印刷局承印

至正六年、二月、濟南路地震，七日乃止。

七年、三月、濟南路地震，有聲如雷，天雨白毛。

十二年、二月、彗星見於危宿，三月、夜不見星，白氣貫天，凡三十四日始滅。四月、朔、長星見虛危間，其形如練，長十餘丈，四十餘日乃滅。六月、白氣起虛危宿，埽太微垣。

十六年、山東大水。

十七年、山東大饑，人相食。

二十年、山東地震，雨白毛。

二十二年、夜、白氣如孛，起危宿，長數百丈，埽太微。二月

濟南山東印刷局承印

、彗見於危宿，光芒長丈餘，色青白。四月、長星見於虛危之間，四十日乃隱。

二十三年、山東無麥，赤地千里。

二十六年、八月、大清河決濱州，漂溺殆盡。

二十七年、五月、山東地震。

二十八年、二月、明徐達率華雲龍等，取諸州邑縣，歸於明。

明

洪武元年、蠲免山東新附州縣，夏秋稅糧。

二年、山東旱，詔蠲免稅糧。

三年、再免山東租。

五年、山東饑。詔發粟賑之。

十年、山東大稔，斗米七錢。二月，詔免山東稅糧。

十八年、七月。山東旱。詔免秋糧。

二十八年、蠲免秋糧。

永樂元年、命寶源局鑄農器，給山東被兵之民。七月、山東郡縣野蠶成繭。

十八年、蒲台妖婦唐賽兒煽亂，鄰境被其刦掠，都指揮衛青討之。

洪熙元年、免山東田租之半。

景泰三年、饑。

天順四年、濱州麥秀雙歧。

成化九年、三月、風霾晝晦，大饑。

十年、大稔，斗米七錢。

十七年、秋、七月、霪雨。

宏治十七年、旱。

正德元年、流賊劉六齊彥明等，屠掠城邑，邑李輔獨身當賊，痛陳霑不可入狀，賊義之，不入霑境。

六年、流賊入邑，蹂躪最慘，居民幾盡。

七年、六月、黑眚見，至冬乃息；有物隱霧中，近人多被爪傷，老幼皆擊銅鼓以自衛，通夕不寐，諸邑皆然。

十一年、大水。

十四年、冬、民間訛言禁畜猪，一時屠宰，種類幾絕。

嘉靖九年、彗星見次於畢危，經月而滅。

十年、濟南諸路邑蝗。

十二年、十月、丙子、夜半至曉、星隕如雨。

十四年、夏、五月、諸州邑烈風雨雹。秋、蝗。

濟南山東印刷局承印

二十六年、五月、二十五日、星隕如雨，天鼓鳴。秋、濱州大水潦，恆雨中龍見。

二十七年、七月、濱州大雨雹，積日不化。

二十八年、八月、濱州地震。

二十九年、兵部尚書丁汝夔爲奸相嚴嵩構陷罹刑，天地陰慘十日。

三十一年、濱州大稔，麥雙歧，穀兩穗。

三十二年、饑。土寇作亂。

三十六年、七月、烈風霪雨，壞廬舍，傷禾稼。

濟南山東印刷局承印

三十七年、大水。
四十年、春、地震。
萬歷元年、旱。
九年、彗星見於西北。
十二年、大疫。
二十三年、有秋。
二十五年、春、濟南河井溝瀆之水，無風而沸，諸邑皆然。夏、五月、霪雨浹旬，麥禾盡浥，歲大饑。
二十九年、有秋，

濟南山東印刷局承印

三十年、大水。

三十三年、三月、地震。

三十四年、大水。

三十五年、大水。

三十九年、瘟疫盛行。

四十三年、秋、妖火見，邑東青州窪，夜有火如旗幟人馬狀，經月乃息。是年邑大旱，人相食，隣邑皆大饑。詔發帑金十六萬，倉粟十六萬石，遣御史過庭訓賑之，

四十三（四）年、春、旱。秋、蝗。

濟南山東印刷局承印

四十五年、知縣段展請減邑賦十之三，詔從之、

四十六年、東方白氣亘天埽斗口。十月、彗星見，三月方息。

十二月、白虹貫日。

天啓元年、二月初三日、日暈，兩珥如月，七月、旱、蝗。

二年、正月初一日、日生三珥，旁有白氣一道，日暈於元枵之次。五月、太白晝見，隨日而轉。七月、海溢。

四年、正月、朔、至初三日、日暈環抱二珥，一珥抱日，一珥背日，有赤白氣相射。

五年、四月、太白晝見。

濟南山東印刷局承印

崇禎三年、三月、大雨雹。

四年、五月、白虹貫日。

九年、十一月、十七日、星隕，天鼓鳴二次。

十年、夏、旱，無麥。八月至十二月，日出入時血氣周天。

十一年、夏、五月、蝗。十二月初十日，日生二暈，白色如連環。

十二年、大旱。

十三年、閏正月、元日、雷電大作，雨雪盈尺。二月、日出如血，大風霾。夏、秋、大旱、蝗，野無寸草，道殣相望，寇

濟南山東印刷局承印

賊蜂起，人相食。

十四年、大旱、饑，斗粟二金。

十五年、大旱、蝗。冬、十二月、大兵南下，邑令宋一貞斂衆守城。

十六年、正月、二日、日赤無光，歷四十餘日，又有兩日相盪。冬、太白晝見，除夕雷雨大作。

十七年、三月、十九日，逆闖李自成陷京師，夏四月、僞令李調鼎至任，五月、邑人李百沆率衆殺之。

同年、舊知縣宋一貞率衆歸清。

濟南山東印刷局承印

海南山東印刷局承印

▲清

順治三年、十一月、初三日、土寇入城，知縣馬允昌典史劉重不屈，死之。

四年、正月、元旦，雷震。六月二十七日、日中星見。秋、霪雨六旬，大水，禾廬盡壞，或自海上來舟至縣，牽挽百餘里。

六年二月、黃河水大至，淹沒西關民居之半，有異獸見西郊。

七年、黃河決荊隆口衝張秋隄，大清河溢，漂沒濱州商河海豐霑化等處廬舍田禾，舟行陸地，無異江河，水至邑東北入海，經五年、水土始平。

八年、秋、七月、大雨，風，河水大至。

九年、夏、五月，颶風大作，飛瓦走石，木盡拔，大雨五十日，河水漲發，村落淹沒，城幾沒，田禾盡無。

十年、秋、白龍灣決，水夜至，城壘土以守。

十一年、秋、黃河又決，漫氾彌甚，陸地行舟，野鵞來。

十二年、夏、有麥。

十八年、閏三月，盜入城，官逸，盜復竊印去，以賂歸。

康熙三年、四月、二十三日，隕霜殺麥，夏秋不雨，冬無雪，旱、饑。十月、彗星見於西南。

濟南山東印刷局承印

四年、夏、旱，麥盡枯。奉詔捐本年租稅，發帑金賑之。

七年、三月，海溢數十里，人畜死者千百計。六月十七日、夜，地大震。是年豐麥，每斗四分，米每斗三分。

十一年、七月，彗星見。

十二年、七月，彗星見。

十三年、四月、三十日，晝晦，訛言采女，一時嫁娶殆盡。

十七年、二月、九日，天鼓鳴，星隕，火光燭地。

十八年、夏、旱、蝗。六月二十四日，白氣貫天，自東北直向東南。七月十二日，星隕。二十八日，地震，八月、地復震

濟南山東印刷局承印

震。是歲蚮蚄害稼，大饑，奉旨蠲田租十之三。

十九年、旱，十一月彗星夕見，由西南遞東北，白氣亘天，經兩月始滅。

二十一年、旱、蝗，蚮蚄害稼，草穗皆空。

二十三年、秋、大水。

二十四年、春、鹽貴，每斗七錢。

二十五年、有麥。秋、大水。

二十七年、有年。

二十八年、正月、駕南巡，免明年山東全租。

濟南山東印刷局承印

三十年、自春不雨，至於夏，六月、蝗復為災，米價騰貴，至罷市，盜四起，蓋藏之家俱蕩盡，七月雨、乃定，未幾蝻生，晚禾死。

三十一年、大疫，署知縣周某發倉賑飢。五月、雨滂，平地尺深水，麥斛皆漂。

三十八年、秋、大雨雹。

四十一年、孛星見。秋、大雨水。奉旨免賦。

四十二年、春、正月，雨雪而雷。二月既望，海溢，颶風大作。六月朔，霪雨連日。秋、黃河決，水大至，田禾盡沒，村

濟南山東印刷局承印

民築堰以居，懸釜而炊，死徙無算，海舟至城下，霑境幾墟。詔蠲明年山東全租，是冬、奉旨賑飢，每縣旂員六人，開六廠，自十一月至明年五月止。

四十三年、旱、蝗、大飢，斗米千錢，民食草木及土，輒枯死。是冬再賑粥，自十二月至明年五月止。

四十四年、春、大旱、蝗，詔免租。五月十八日、午刻，大風拔木飄瓦。六月初一日，慶新年。秋、蚄蚄生，旋有地蚙食之盡，不爲災。

四十五年、夏、大旱、蝗諸見，夜聞空際如流水聲，飛出蔽天墜地如螳螂，(府志作蜣螂)形小色金，識者曰此蒼諸也，見則歲凶。

四十七年、春、正月至六月不雨，蝗蝻生。七月、蚜蚄生，害稼。二十五日、無雲而雷殺人。九月雪，夜見兩月。

四十八年、春、正月、元日，日有雙珥。三月十四日，石皆出汗。七月、蝻生。八月、霪雨害稼，九月、雪。

五十年、六月、初八日，星隕於邑郊。

五十二年、始發帑買米貯倉，詔免滋生丁賦，自五十年編審，册定為常，以後續生丁，永不加賦。

濟南山東印刷局承印

五十三年、二月，海溢。五月十三日，雨，至八月十五日乃止。

五十五年、鹽徒擾來鄗，知縣沈文䆉率鄉兵禦之，鄉民孔小九巡役馬福皆傷死。

五十八年、正月、井凍，十五日、邑始作燈。

五十九年、六月、初八日，地震。

六十年、四月，大雨雹，蚜蚄生，旋飲霧死。

六十一年、正月、朔、日食。十月至十一月，雨結，樹木皆白色。

濟南山東印刷局印承

雍正二年、陞濱州為直隸州，以霑化隸之，德米入大粮。正月大風，二月愈熾，風中有火，行人皆見。是歲大疫，人多死。

三年、春、旱，六月、雨，至八月乃止，大饑。糧道湯預誠自德州來賑。

四年、三月、十五日，雨雪堅冰，五月、四野生煙，日月紅。十二月、雨堅冰化為水。命丁銀入大糧，每一兩入丁銀一錢二分五釐，自四年為始。

五年、正月、朔、日食。三月、滳土河得金印於泥，文曰「忠孝軍副統印」。旱、無麥。

济南山东印刷局承印

六年，六月、雨、晚禾始苗。七月、霪雨害稼。

八年、秋、大清河溢，水大至，平地尺餘，淹沒田禾廬舍，署篆多圯，村民築堰自防，多不能支。詔發倉賑之。

十二年、正月、初三日、有聲如雷，自東北至西南，移時乃止。

乾隆元年、十二月、二十四日、酉時、天鼓鳴，有星自東南隕於西北。

七年、十二月、彗出金宿，光踰尺，至明年正月乃滅，彗長尺許，夕出指東北，久之則朝出指西南，前後五十餘日，山左連歉，蓋其驗歟。

八年、大旱，行人多熱死。奉旨截漕，發帑溥賑饑民，減免本年田租。

九年、大旱。詔免田租十之六。

十一年、旱、饑。奉旨賑卹。

十二年、大水。奉旨賑饑，減免本年田租。

十三年、正月、望、孛犯太陰。恩旨蠲免全省錢粮，時普免天下田賦，而東省免於是年。

十六年、大水為災。

濟南山東印刷局承印

十八年、三月、太白經天。八月大水。

十九年、大水。邑令呂錦奉文發帑重修城。

二十年、蝗生，未害稼，有秋。

二十一年、有年。

二十二年、大稔。

二十三年、有年。

二十四年、夏、海水溢，漂沒田禾廬舍。奉旨賑卹，免本年田租。

五十一年、大旱。

五十七年、大旱。詔賑濟一月口糧。

五十八年、加賑一月口糧。

嘉慶元年、大雨水。奉詔賑卹。

八年、孫馬哨決口，黃水漫溢。奉詔賑卹。

十七年、三月、二十一日、黑風起自西北，日曀無光。

十八年、春、彗星見於西北，光芒數丈，至秋方沒。

二十年、正月、西南方白氣亘天，向東北數丈。

二十三年、海溢。奉詔撫卹一月口糧。

二十四年、黃水漫溢。奉詔蠲賑有差。

濟南山東印刷局承印

道光元年、四月、朔、日月合壁，五星連珠。自夏至秋，霪雨害稼，癘疫盛行，死無算。
二年、徒駭水溢。
四年、春天雨土，大稔。
五年、夏、彗星見。
六年、秋、大雨水。
八、九年，秋霪，害稼。
十年、十月十六日、子時、地震一時餘，申時又震。
十一年、五月初八日、酉時、地震。秋、大雨。

十二年、大饑，斗粟京錢一千二百零。

十五、六、七、八、九、等年，霪雨害稼。

二十年、正月、雷震。夏、蝗。秋、大雨水。

二十二年、夏、旱。秋、大雨水。

二十三年、夏、彗星見。

二十四年、秋、大雨水。

二十五年、春、海溢。夏、霪雨害稼。奉詔賑卹、蠲免潮淹地糧。

二十六年、秋、大雨水。

濟南山東印刷局承印

二十七年、夏、蝗。秋、大雨水。

二十八、九、年，秋、大雨水。

三十年、正月朔、日食。秋、大雨水。

咸豐元年、秋、大雨水。

二年、六月、大風，拔木偃禾，海水溢。秋、疫，歲大祲。

四年、夏、旱。秋、大雨水。

五年、正月十九日、雷震。夏、蝗，大雨水，黄河自銅瓦廂決口，入大清河漫溢。奉詔賑卹。

六、七、年，徒駭水溢。

八年、八月、彗星見於西北，光芒數丈，至九月後沒。

十年、春、多雪，有年。

十一年、正月、朔、日色如火。

同治元年、二月二十六日、風霾日曀。六月、癘疫盛行。

二年、四月、有火星長數丈，自西南流向東北。

三年、有秋。

五年、正月二十八日、風霾。

六年、黃水溢。

七年、四月、捻逆張總愚蹂躪遍境，六月、官軍勦捕肅清。

濟南山東印刷局承印

九年、元旦，日食。初三日夜，遍地火光。二十五日，風霾日曀。

十年、正月、二十八日，太白晝見。秋、霪雨害稼、

十一年、秋、霪雨害稼。

十三年、四月二十日、地震，有麥。夏、旱，彗星見、

光緒元年、有年。

二年、有秋。

三年、旱，大饑。

四年、歲大稔。

五年、大雨水。

六年、有年。

八、九、十、十一、十二、十三、等年，黃水漫溢，大饑。奉

詔賑錫有差，江浙義賑相繼。

十四年、五月、初四日、地震。秋、大雨水，歲祲。

十五年、秋、黃水漫溢，村舍多傾圮，大饑。奉詔賑錫有差，

江蘇天津義賑相繼，民資生活。

十六年、夏、黃水漫溢。奉詔賑錫有差。

十八、十九、二十、二十一、二十二等年，黃河由白龍灣決口

濟南山東印刷局承印

，霑境連年受災，尤以二十二年爲最重。

二十一年、七月、鼠疫。

二十六年、義和拳起，民敎互相仇殺。

三十三年、黃河由利津薄家決口，霑境東北部受害。

宣統三年、九月二十七日、太白星晝現。十二月三十日、雷雨徹夜，房屋傾塌。

中華民國二年、三月、有火球自東南飛向西北，光燄燭天，殷殷有聲。

三年、海溢，沿海居民多淹死。

濟南山東印刷局承印

八、九、年，大旱。

十年、春、大旱。秋、大雨水。連年荒歉，幸有華洋義賑會，山東災賑會，與日本紅糧賑等，來霑施賑，民始得蘇。

同年、黃河由利津宮家決口，浸淹霑境，徒駭河下游遂淤。

十三年，有秋。

十五、十六、等年，張宗昌督魯，賦斂苛重。

十六年、九月十五日、東北風大作，海潮深至三尺餘，三日始退，居民淹死者甚多，地畝盡成斥鹵。至十七年、奉令減稅三成至七成不等。

濟南山東印刷局承印

同年、蝗蝻生，歲饑。

十九年、春、兵災。仲秋、匪首徐三陷城，死者二百餘人。

濟南山東印刷局承印

濟南山東印刷局承印

欒鍾垚、趙咸慶修　趙仁山纂

【民國】鄒平縣志

民國二十年（1931）重印本

雜志下

陰伏陽衍慼盛世豈無水旱塗謠野諺國史亦附簡編此災異輙聞所以得並傳也茲即舊志取其事之確而言之雅者稍爲增補裒録如左

災祥

晉

太康六年春三月戊辰梁鄒縣隕霜傷桑麥

南宋

孝建三年春閏二月乙丑白兎見平原獲以獻

大明五年秋九月庚戌河濟清平原太守申纂以聞

宋

乾德三年冬十月丙寅濟水溢鄒平

四年秋八月清河水溢壞鄒平縣田舍

元

至元二年秋八月丙寅鄒平縣進芝之一本

大德六年春正月鄒平縣進芝之一本五枝五葉色皆

赤

至正十九年蝻五穀不生

明

成化九年春三月四日晝晦

十六年九月地震
正德元年鄒平產芝之二本
嘉靖二十三年大旱
萬歷四十三年大饑人相食
四十八年城西南碑樓莊地裂廣尺許長數丈深不可測數日復合
天啟元年旱蝗
二年春二月癸未地震
崇禎十一年三月一日禮部儒士李光成家馬產駒三足前一後二圓耳六齒　夏旱蝗夕時有赤氣如

火亘天凡三月

十三年大饑人相食

十四年大饑冬桃李實

十五年城西南隅產芝之三本

十七年春三月丙午大風晝晦

國朝

順治三年夏大雨水

七年夏五月城西馬家莊芝草叢生百餘本八年九年復生

八年秋河決入縣境仁義梁鄒二鄉漂没民居萬計

九年夏大雨河復決漂没仁義梁鄒二鄉
十年夏大雨河復決漂没仁義梁鄒二鄉
十一年秋九月黄山有虎
十二年夏大旱牛生五足
十三年戴家莊狗生子狗頭猴身能吠
十五年秋張蔄選日涉園松生果色紅味甘似櫻桃
十六年夏梁鄒鄉婦人一産四子
康熙三年四月二十三日大霜殺麥
四年春夏旱冬無雪
七年六月十七日地震壞民舍數百區

九年大旱

十四年五月初六日巳午未三時大雨雹積尺許

十八年夏旱七月二十八日地震

十九年旱災人食草根木皮

二十年七月蝗生徧地

二十一年六月大雨水溢傷稼

二十八年穀秀兩岐

三十年六月二十四日民間訛言䝉至是日飛蝗蔽

天

三十一年夏大水沒稼

三十二年復大水

三十三年二月十六日怪風吹倒城垛六座關帝廟上寶瓶飄去無迹四月蝗蝻生上並舊志

四十二年大雨害稼

四十三年大饑

四十六年大水　縣民時尙文妻一產三男

五十三年春夏旱

六十一年大旱無麥

雍正八年大雨没稼小清河决對門口冬大饑

九年大饑復大水

乾隆元年蝗

二十三年六月六日大雨雹傷稼

二十九年四月十七日大雨雹

三十五年秋大水

三十六年秋大水小清河決

四十三年旱無麥

四十六年六月大水害稼小清河決

五十年大旱歲歉夏大熱

五十一年春大饑米價湧貴米一市斗直制錢一千二百五十　時市斗四十二觔

五十五年三月十二日隕霜殺麥槁者復生麥乃有秋

五十八年秋七月蚜蝻生

五十九年旱二麥歉收除夕有聲如雷自申至亥時

六十年旱除夕復有聲如雷

嘉慶二年城西樊家莊樊梅淸子婦一產三男

七年旱蝗

八年旱蝗蚜蝻生冬黃河北決水溢鄒平

【嘉慶】長山縣志

（清）倪企望修　（清）鍾廷瑛、徐果行纂

清嘉慶六年（1801）刻本

长山縣志卷四

知長山縣事院桐倪企望修

災祥志

璇穹肇象休咎咸徵坤尸鎮靜播蕩逆行雨暘恒若適致襄陵虺厲蝗災赤地無營兵燹零落一望荆榛修德致治善政馨聞五風十雨庇我民生太和翔洽稼黍豐

漢

登志災祥舊敘

元狩三年大水徙貧民於關西朔方

晉

泰寧三年大水民饑死無算

宋

元嘉十九年邑人劉元叔捕一狸剖腹得一狸又剖之更得一狸方見五臟三狸雖相包懷而大小不殊元叔不以爲怪掛皮於屋後其夜有群狸繞之號呼比曉失皮所在

昇明二年十一月甘露降於本縣

齊

中興八年四月邑氏王惠獲異龜一頭六目腹下有萬歲字并有封兆

北魏

正始二年八月甘露降 見通志補

元象元年七月大水蝦蟆鳴樹上

北齊

武平四年饑　六年八月大水

隋

大業五年饑　六年鄒平民王薄據長白山聚剽掠

七年四月河決漂沒　八年大旱疫　十二年王世充

帥師破王薄

唐

武德四年七月百姓給復一年

貞觀元年夏旱賑恤免租　七年秋大水遣使賑濟　八年七月大水

永徽四年蝗

總章元年大水

上元三年大水

永淳元年大雨水民饑

神龍二年五月旱饑

景龍元年疫

開元初年大蝗從姚元崇之請始下捕蝗令　二十五年

五月河溢

興元元年秋蝗　二年七八月蝗飛蔽天旬日不息所至草木葉及畜毛靡有孑遺餓殍枕道斗米千錢民蒸蝗暴乾食之　四年地生毛　五年夏蝗螟害稼

大中四年秋潦　五年夏蝗害稼　八年正月丙戌朔日食在危八度按自漢迄元天變見於虛危間者府志編載甚多今不及備錄惟舊志收入者仍之

宋

乾德三年八月河溢　四年八月河溢

開寶二年大水　三年水害田　七年旱　九年水害田

太平興國九年八月孝婦河溢害民田

淳化元年七月蝗

大中祥符二年七月潦　三年七月嘉禾多穗異畝同潁

景祐元年蝗

崇寧元年禾合穗

宣和元年十月獲黑兔

隆興元年十二月壬午夜白氣見西南方出危入昴

金

大定十六年旱蝗

明昌二年秋旱大饑　三年大饑　四年大稔

大安二年四月夏旱六月霖雨大饑斗米至千餘錢　三

年二月大旱
至寧元年大旱
興定五年正月慶雲見
金季山東群盜起歷城張榮據黌堂嶺掠長山等縣之地
而有之至元太祖二十年始納款
元
中統三年九月大饑免租稅
至元元年大水　二年八月雹　七年十月賑饑十一月
復賑饑　五年大水免田租　六年大水賑饑　八年
蝗　二十年詔停田稅　二十四年霖雨害稼　二十

九年三月隕霜殺桑六月蝗

大德二年四月蝗　五年六月大水　七年蟲食麥　九年三月霜殺桑　十年十二月饑遣尚書武鼎分賑

至大元年大饑詔有司贖民所鬻子女四月大風雨雹　二年四月蝗七月大水

延祐元年三月大雨雪三日是月隕霜殺桑　六年六月大雨水秋饑

至治元年春饑以粟賑之

泰定元年六月蝗　二年六月蝗

致和元年六月霖雨害稼

元統二年三月霪雨水湧

至元三年雹

至正六年二月大饑地震七日　七年三月地震有聲如雷天雨白毛　十六年大水　十七年冬饑人相食　十九年蝗大饑　二十年地震雨白毛　二十三年冬無麥　二十七年五月地震二月不雨至於六月蝗生

明

吳元年兵至濟南元縣尹高海率衆歸附

洪武元年四月蠲免新附州縣夏秋稅糧　二年正月詔以天旱民未甦再免稅糧　三年再免租　五年饑發

粟分賑　十五年二月免稅糧　十八年七月旱蠲秋糧　二十八年九月詔以民供給軍需免秋糧

建文元年減田租

永樂元年正月命寶源局鑄農器給被兵之民　七月野蝗

成祖有司以絹進獻

洪熙元年四月饑免夏稅秋糧之半

天順元年三月大水饑人相食發太倉銀分賑

成化九年三月四日未時晝晦是年風雨害稼饑　十年大稔斗米七錢　二十年旱七月遣大臣賑濟

宏治五年大饑　七年大稔

正德六年三月流賊劉六齊彥明攻陷邑城殺掠焚官民廬舍殆半十一月復來攻城樹柵捍禦賊始退按明史武宗紀十月癸未賊陷長山典史李進戰死與此異　七年六月黑眚見老幼皆擊銅器以自衛逾夕不寐至冬乃息　十三年六月大日河水泛溢民舍覆者十之三溺死甚衆

嘉靖八年七月飛蝗蔽天捕之踰月而止　九年秋彗星亥於畢危經月而滅　十年蝗　十一年八月十一日未時地震十月三日巳時無雲而雨十一月夜天星散落如雪其光燭地　十二年十月九日丑時星殞如雨　十七年六月星殞如雨蝗自東入境越城渡河而西

所過田禾一空孝婦河竭自辰至午　二十四年六月
二日河水溢北關墻垣盡倒居民僅以身免　二十五
年顏神鎮姚世清作亂境內騷然　二十六年五月二
十五日星殞如雨至寅時天鼓鳴有火光　二十八年
春夏旱蝗六月四日霪雨如注河溢害稼漂溺東北兩
關民舍殆盡　二十九年長山獲元兔見通志　三十四
年十二月二十九日卯初日生四珥俱紅赤色在北者
光芒奪日　三十五年六月二十日南方倏出一星光
可丈餘夜分群星三十餘南奔光耀燭地　三十六年
七月大水　三十七年大旱六月復大水　四十三年

四月初四日夜有星孛於西北其光燭地俄聞天鼓鳴

隆慶元年秋潦決堤　三年春夏蝗七月大水　五年五月朔日當食不食

萬歷九年彗星見於西北十月十五日夜星落如流火着物不燃　十年大饑　十六年大疫　二十五年春河井溝瀆之水無風而沸　二十八年四月二十四日申時大風雹　四十三年大饑或父子相食四境盜起詔發帑金倉粟遣御史過庭訓施賑建議納穀納蝗者給衣巾送學始有穀生蝗生之名　四十五年星殞天鳴地裂　四十六年白氣亘天首東北尾西北長如數匹

練彎如牛角掃斗口十月彗星見三月方息十二月白
虹貫日　四十八年九月二十四日赤氣亘天
天啓元年二月初三日日暈兩耳如月內紅白光焰閃爍
如玉環大竟天東西北方各有慘淡日形暈上大圍青
紅如虹者二外向與日光相背自辰至午方散秋星隕
如雨三鼓後滿天星月皆疾行閃爍不定如此凡數夜
二年正月朔日日生三珥旁有白氣一道暈於元枵
之次五月太白晝見巳時明顯隨日而轉　四年正月
初一日未時日光黯慘有青赤二暈抱日西北乾方背
璚凡二自東向西抱日半暈凡一白氣如虹自白光內

北出貫二暈折而東復西仍銜入日其圜竟天初三日半暈而西抱者一初四日半暈而南抱者一青赤二光三月初九日辰時日在正東圜三環俱青紅色兩邊白環二別有青紅色一如虹從西至東南其長亘天十二日申時日色斂暈四圍如銀光蕩漾炫耀不定銀光之外又見紫赤光上下左右盤旋赤光之外又一青色指西南六月朔大雨雹秋熒惑入南斗四十餘日十月二十五日戌時天鼓鳴起東南迄西北有聲如雷十二月十七日夜月外三暈色黑其第一暈內週圍白珥四皆外同復有三黑氣貫月十九日未時日上半暈不匝赤

色旁生兩珥色白暈上另有一背如彎弓反張向外是年鸛鵒來巢　五年四月初五日未時西北黑雲如潑墨震雷狂風發屋拔木晝晦　六年七月大水　七年元旦日初出十日環之漸高乃散七月大水

崇禎三年六月二十七日日中星現淄川孝水黄至本縣始清　四年正月二十四日子刻大風寅刻月日星並見色赤如血申刻日旁有似日者十餘變動不居二十五日日中有黑子又有環暈數重作背逆之狀其月日在尾十度月在尾一度每夜荒鷄爭鳴又月下見一城如烟霧狀　登州遊擊孔有德反陷陵縣臨邑商河齊

東層新城十二月丙子濟南官軍禦賊于阮城店敗績見明史莊烈帝紀 七年正月朔先雨後雪霹靂大作 九年十一月十七日有星隕如斗西北天鼓鳴 十年八月日出入時血色周天至十二月乃巳是歲有空中藍日無數磨盪飛舞者一日 十一年夏旱夕時有火氣亘天凡三月十二月初十日夜月生二暈白色如連環十二年旱蝗民饑 十三年閏正月元日雷電雨雪盈尺二月日出如血大風霾六月日出入時赤如血連歲旱饑人相食盜賊蜂起 十四年九月初五日日初出正方久之始圓 十六年正月二日日赤無光歷四十

餘日又有兩日相盪冬太白晝見除夕雷雨大作　十
七年三月初九日晝晦紅風起西北映墻壁皆赤腥臭
竟日　十九日流寇李自成陷京師王茂德駐周村率衆
刼掠居民廬舍多燬於兵

國朝

順治元年二月日赤如血　二年二月有黑氣自西北來
聲如鼎沸正午忽暗咫尺莫辨大風忽起發屋拔木移
時向東南去　四年正月朔雷震夏秋大雨高苑賊謝
遷攻城焚官舍俱盡　五年夏日中星現　十六年秋
大旱

康熙三年四月二十四日隕霜殺麥九月金星水星同入氐四度　四年旱饑蠲本年租稅發帑金分賑　七年六月十七日戌時地震　十一年正月二十八日戌時星大如斗其赤如日自西而東散作七星光芒燭天　十二年正月二十五日大雪震雷七月彗星見　十三年四月三十日晝晦　十八年大饑流移載道出粟賑濟蠲旧租十之三官戸不與　十九年十一月初五日向夕彗星見西南遷東北白光亘天經兩月始滅　二十一年大水溺死者甚衆　縣民李宏基妻一產三男見邑志　二十三年十月

聖駕東巡諭免所經地方丁糧　二十五年蝗生巡撫徼
倡所屬捐俸買瘞　二十八年五月
聖駕東巡諭免康熙二十九年田租　三十二年五六月
久雨大水決堤　三十五年雨多害稼　四十年三月
十八日學宮泮池之左興慶雲繞柏樹而上者竟日不
散西廡亦如之殿前松杪突起新枝狀若筆峯
四十二年雨多河溢害稼遣旗員分道賑濟　四十三
年饑免田賦　四十六年大水北路二十八莊東路十
三莊成災　四十七年旱不成災　五十二年
特恩免田賦是歲大稔麥秀兩岐　五十三年春夏旱麥

歉收秋大稔十二月積雪高數尺　五十四年麥大稔
夏多雨五月二十一日卯時河水驟溢未時即退二十
八日申時河水又溢高湧數丈周村下河民舍漂没數
處戌時即退不爲災六月飛蝗過境不害稼　五十五
年三月十三日午刻西北方突起黑雲漸高漸大漸而
黑氣變爲紅色大風撼天地而來飛沙走石猛烈異常
人畜有捲至數里外者而大風中更有紅塵繚繞對面
並立目不見人移時始覩天日是年麥大稔五月多雨
十九日郭家口堤夜決二十二日河水驟溢即退六月
十三日河水又溢即退窪地被災四分奉憲撫　李文

中丞檄縣發賑常平倉穀三千石 以上舊志

康熙六十一年糧價昂貴

雍正元年四月初七日申時西北方黑雲突起徐變紅色俄而大風揭地猛烈異常是年人多疫 六年錢貴

八年元旦日出有黑氣自西北迄東南竟天如帶繼以大風捲去經時始息 秋久雨河水泛溢淹沒禾稼民大饑 冬地震毀民廬舍奉文賑濟免賦 九年大水

乾隆元年蝗 十三年夏五月地震 十七年蝗不害稼 二十一年夏五月地震有聲 二十三年雨雹害稼不成災 二十四年夏六月飛蝗過境不害稼糧貴日

生珥 二十五年秋大稔 三十五年七月二十八日
夜乾方赤氣彌天有白氣若綫間之亘兌至離四更後
始沒 三十六年秋水浸田禾奉文加賑一月撫恤兩
月 五十年春旱奉文借給籽種銀二千四百兩 五
十一年春大饑奉文發銀煮粥賑濟 五十五年三月
隕霜殺麥苗櫹復榮麥乃有秋是歲奉
旨豁免民借籽種銀兩 五十九年夏二麥歉收奉
旨賞給乏食貧民六月分一月口糧 六十年秋蚜蝣害
稼
嘉慶三年冬十月二十九日夜星四散如織 四年冬奉

旨乾隆六十年以前各省積欠緩徵糧漕銀兩並借給米

石草束等項普行豁免

【民國】重修博興縣志

張其丙修　張元鈞纂

民國二十五年（1936）鉛印本

重修博興縣志卷十五

祥異志

舊志祥異附雜志內所紀多水毀木饑之事兵事間附一二抑思水旱災祲悉與歲事攸關兵革尤民所痛心疾首歷久弗能忘者特摘出另列一編除年逾百歲已列壽民不再複錄外其一產三男爲事所不恆有亦異事也仍依舊列此

周莊王十一年冬十一月齊襄公田貝邱見大豕射之豕化公子彭生賊弒公於館

赧王三十一年齊湣王四十年千乘博昌間雨血沾衣明年樂毅入齊湣王走死此後人追咎之辭當日無千乘博昌

濟南文雅齋印刷局承印

晉武帝太康六年二月戊辰隕霜殺麥

唐昭宗天復二年夏五月朱友寧鬬博昌驅民丁十餘萬築土山

並人畜木石壅之城陷屠之

元泰定帝泰定四年夏大旱蝗驟起旦夕滿野十二月又蝗

順帝至元十九年蝗食禾稼草木俱盡

明世宗嘉靖二十五年大雹壞官民廬舍

神宗萬曆四十三年大荒至食人

熹宗天啓四年秋淫雨壞民廬舍

懷宗崇禎五年七月暴雨三晝夜田禾盡沒

崇禎十三年大饑

崇禎十七年三月黑風自西北來晝如晦屋宇動搖

淸順治九年黄河泛濫大雨如傾晝夜四十七日蠲錢糧三分之一

康熙三年四月二十四日繁霜殺麥

康熙四年大旱免本年錢糧發帑賑濟

康熙六年蝗蝻起知縣蔣維藩捕之

康熙七年地震五日三次房屋傾圮人畜多壓死蠲糧一分已輸者流抵次年按一分係幾何之一無案可稽此舊志不能正者

康熙十六年旱蠲糧一分已輸者流抵次年

康熙十八年春大饑民食草根樹皮免夏稅

濟南文雅齋印刷局承印

康熙二十五年夏六月大霪雨河水皆溢

康熙二十六年大雨雹歲饑

康熙四十一年大霪雨

康熙四十三年大饑斗粟千錢人相食免三年租稅遣官賑濟秋大疫飛蝗蔽天

康熙四十八年夏六月蝗食稼

康熙五十七年夏六月有蝗不爲災

康熙六十年夏旱知縣李元偉請賑

雍正八年夏秋大水

乾隆三十六年水知縣尹文炳請賑

乾隆三十九年春天忽見星斗移時沒
乾隆四十六年水知縣燕增元請賑
乾隆五十年秋旱
乾隆五十一年大饑知縣黃璿請賑
乾隆五十二年旱
嘉慶四年縣民張維慶妻一產三男
嘉慶六年五月大雨雹壞民舍官署
嘉慶九年大水
嘉慶十年有蝻
嘉慶十七年夏有雹

濟南文雅齋印刷局承印

嘉慶十九年夏有蝗河裏莊民李敬思妻趙氏一產三男

嘉慶二十二年旱

嘉慶二十三年水有蝗西魯莊民孫在興妻白氏一產三男

嘉慶二十四年北田莊社河水泛溢

嘉慶二十五年有水

道光元年夏大水秋有蝻

道光二年有蝻

道光五年夏旱有蝗

道光八年有水

道光九年地震屋舍動搖移時乃定

道光十二年大旱

道光十四年旱

道光十五年五月旱七月有蝗

道光十八年旱有蝗

道光十九年大雨水以上錄舊志

道光二十三年夏四月彗星見

道光二十五年海水溢

道光三十年正月朔日食

咸豐元年大水

咸豐二年十一月地震

濟南文雅齋印刷局承印

咸豐三年大水十月桃杏重華

咸豐五年大水

咸豐六年黃水至

咸豐七年黃水爲災歲大饑人民至碎麥穰屋簷以爲食

咸豐八年大有年

咸豐九年旱無麥禾

咸豐十一年彗星見西北八月捻匪至擄掠焚殺民不堪命

同治元年二月二十一日黑風蔽日徹夜乃息夏疫秋七月彗星見西北長竟天

同治三年九月無雲而雷

同治四年太白星晝見
同治五年水旱冰雹均成災捻匪猖獗邑民震駭
同治六年捻匪犯境民團扼守小清河未得深入
同治八年春旱
同治十三年五月彗星見
光緒元年春夏旱七月大風傷禾八月雨雹傷菽
光緒二年春大饑自正月旱至閏五月二十七日始雨秋歉收大疫死亡甚衆
光緒三年旱無麥禾
光緒七年夏五月彗星見東北方

濟南文雅齋印刷局承印

光緒八年夏四月大雨雹八月彗星見十二月太白經天

光緒九年五月黄水至淹没麥禾

光緒十二年七月蝗蝻生

光緒十四年五月初四日地震七月十一日霪雨徹夜平地水深數尺歲饑

光緒十五年春大饑民食草根樹皮幾盡省委履勘免征施賑民始稍甦

光緒十八年秋霪雨歲歉

光緒二十年秋禾傷潦歉收

光緒二十一年黄河決口田禾盡淹歲饑

光緒二十四年秋七月河決韓家口汎新清河南北六十里田禾均被淹沒水勢之大爲近年所未有

光緒二十五年六月飛蝗蔽野秋旱歲歉

光緒二十六年五月熒惑入南斗

光緒二十七年二月大風揚塵晝晦六月十一日雨雹傷稼

光緒二十八年夏大疫人死無算至不通慶弔

光緒二十九年夏又疫秋太白經天

光緒三十二年五月飛蝗蔽天

光緒三十三年蝗秋熒惑入南斗

光緒三十四年夏大旱秋七月二十三日大雨傾盆變旱爲潦歲

濟南文雅齋印刷局承印

饑免征並貸給籽種錢

宣統二年三月隕霜殺麥十二月歲除徹夜雨雪冰水盈庭

宣統三年四月太白晝見六月彗星直衝紫薇垣至八月始沒

民國二年旱

三年夏秋間新清河漫溢成災

四年夏蝗秋蝻五穀多傷四月日有兩環又有兩虹交叉其上是年各處盜賊漸熾

六年春旱秋大雨晚禾被淹七月禹城駐防兵變十三日傍晚由新清河上游蜂擁而至入城收槍劫獄未及肆意搶擄聞追軍將至越宿倉皇遁去

七年大有年秋時疫流行是年賊匪愈熾向順鄉李村社王浩莊被匪攻破殺死村民二十七人縣知事樊國森籌辦民團以資保衛

八年旱河流涸蝎蝗蝻徧野五穀不登東姑鄉馬與莊團局被匪搶佔擊斃團丁三名

九年春無雨秋禾未布種伏日始雨穀豆並種歲亦有秋是年匪氛益熾改保衛團爲警備隊分區駐防

十年秋霪雨爲災河水泛濫田禾盡淹歲歉穀價甚昂

十一年夏麥大熟

十二年土匪猖獗搶架之案日有所聞殷實之家人人自危

濟南文雅齋印刷局承印

十三年春三月博昌鎮附近曲家范家等村被利津大股土匪挨村搶掠擄去男婦七十餘人縣知事馮祖仁聞知飭警隊跟蹤追擊奪回難民五十餘人

十五年水旱交侵捐稅增重民不聊生

十六年蝗蝻爲災五穀歉收

十七年冬十月潰軍黃鳳起部翟作琪率衆來博城派籌給養招納桿首張克勤等盤據縣城達五閱月之久

十八年春三月任軍四十九師到博黃部遁去是時戰地委員會委居以政爲博興縣長迨任軍東去張匪志誠乘虛至大肆搶掠厥後任軍回防及孫軍駐防需索甚鉅閭閻爲之一空

十九年五月晉軍南犯有自稱晉軍先遣隊司令者率兵數百佔據博城自是雜軍土匪麕集城內互相攻擊此出彼入至八月國軍到境人心始定

此外四鄉股匪若崔九周六米三張二虎等各據村莊挨戶搜搶任意綁架其中被害之酷尤以傳園莊爲最莊有土寨衆堅守不令入匪怒甚故攻破之後逢人便殺幾兩一村屠戮至百餘人亦云慘矣

二十年八月蝗蝻傷禾秋收不豐

二十一年夏秋之際時疫流行傷人甚衆八月蚜蝗徧野食草穀悉盡

二十四年秋大有年 以上新增

濟南文雅齋印刷局承印

【乾隆】蒲臺縣志

（清）嚴文典修　（清）任相纂

清乾隆二十八年（1763）刻本

災異

宋公有君人之言熒惑退舍子產譏人事之邇火不爲災師曠之論石言申繻之對蛇鬭語曰善言天者必有徵於人斯殆近之矣故職之所係感召之故因之蝗不入境虎北渡河豈伊異人任乎雖蕞爾邑譴告之故有不得而畧云

宋真宗大中祥符二年冬十月大清河溢

元世祖中統三年大都督李璮反遣騎寇蒲臺濱棣路安撫使韓世安率兵大破之　夏五月旱

四年秋八月蝗　至元二十五年夏四月饑

成宗大德元年大饑　五年夏六月霪雨害稼

仁宗皇慶元年旱

順帝至正六年春二月地震七日　七年春三月

地震如雷　二十六年秋八月大清河決

明太祖洪武十八年大水

成祖永樂十八年春二月妖婦唐賽兒作亂

景帝景泰三年大饑

憲宗成化九年大饑

武宗正德六年流賊劉六等寇山東陷七十餘城
邑境被其殘刼
世宗嘉靖八年螣 二十年夏六月蝗 二十二年大雨雹 二十六年大雨雹 二十八年秋七月大螣 三十六年秋七月大水 三十九年夏六月旱蝗 四十年大旱無麥 四十一年秋九月大旱無麥苗 四十四年冬十二月雷雹地震麥苗枯 城南民李姓門外烏巢中有四足雛 大清河北岸民牲豕產象 以上二條舊志

僅載嘉靖間事不紀年分姑附於後

穆宗隆慶元年春正月雷震　二年春三月二十八日地震　秋七月蝗　三年秋七月大風雨害稼頹垣　四年春正月不雨至夏六月始雨麥苗盡枯　六月大清河溢壞田廬　五年夏六月旱螣生　冬大旱

神宗萬歷元年春二月大旱麥苗枯　夏四月不雨至秋八月始雨　九月十八日雪行旅有凍死者　二年夏六月旱　四年五月十四日未

時黑風自西北起發屋拔木行人有吹去十數
里者天地晦暝　冬旱　五年春正月旱至夏
五月麥枯疫作　七年秋至次年春三月不雨
無麥苗　十年夏四月大疫　冬煖無冰　十
二年春二月地震有聲　十五年春旱至夏六
月始雨　十六年大旱　十八年春大旱六月
蝗生　四十三年旱　秋八月蝗大饑人相食
熹宗天啟七年大水大清河溢
莊烈帝崇禎十年蝗　六月韓姓民獲妖兒兩頭

四目四耳二身八足二尾一俯一仰相負而行

秋蚜蚄害稼　十一年夏蝗　十二年飛蝗

蔽天食禾殆盡　十三年春大饑斗粟千錢村

落無烟　是年張姓民家產一豕二首三目三

耳　十七年李自成陷京師僭設守令山西生

員劉光祖受僞命來知縣事自成敗後乃遁去

三月初八日日無光晝晦如夜申時始復

冬群濠鑿之不入沖洲有聲

國朝順治四年四月土賊楊攺入城焚掠民居燬縣

舊治延及分司署城中舊稱稠密自此官署民舍盡為灰燼敗竟不知所之　七年黃河決荊隆口入大清河漂沒廬舍田禾舟行陸道無異江湖

康熙三年四月二十一日夜隕霜殺麥禾　四年饑賑濟　七年六月十七日戌時地大震屋上如萬馬奔馳地中如金鼓聲人有壓死者　十四年四月隕霜殺麥及豆　十八年大饑賑濟

二十五年六月初九日大風雨拔木壞稼水

暴至漂民廬舍　二十七年八月大雨雹　三十年六月飛蝗蔽天　四十二年黃河決洪水氾濫大饑賑濟　四十四年五月黑風晝晦屋內燈火皆不明

雍正元年四月熱風傷稼大饑賑濟　八年秋大清河溢大饑賑濟　九年霪雨害稼平地水深數尺城南村莊履冰過冬次年四月方涸大饑賑濟

乾隆八年大旱行人多熱死　九年大旱

三月大風晝晦　十二年秋霖雨害稼大清河
溢賑濟　十六年六月河南陽武黄河决口至
八月由運河入大清河瀰漫四溢沿河田廬盡
没賑濟　十七年蝗撲滅　二十八年夏飛蝗
自西來七日不絶旋即殲除不害稼
按東漢以後歷晉魏隋唐五代棣州渤海間
草竊竊發代不絶書邑境之被兵屢矣然史
冊統紀州郡無從晰考今以近代之可據者
附入災異不更作兵燹志

【乾隆】青城縣志

（清）方鳳修　（清）戴文熾、周珹纂

清乾隆二十四年（1759）刻本

青城縣志卷之十

祥異志

志之載祥異猶史之志五行也自漢書詳錄五行傳說及其占應後代作史者因之夫天人相感以類而應者固不得謂理之所無而必條分縷析以某事爲某事之應更旁引曲證以伸其說鑿已矧天道遠人道邇逐事而比之必有驗有不驗至有不驗則見以爲無徵而怠焉前賢之論此悉矣然而災祥之故實關生民之利病

雖在一邑亦不可以不紀故著之以爲謹天戒恤民隱者鑒輯祥異志

明

景泰七年秋大雨積四旬廬舍皆傾民多居郡平山麓時有竈底惟聞蛙鼓吹庭前常見魚梭鮑之句

天順八年甘露降學宮秋捷三人

成化九年黄風自西來晦冥咫尺不辨自未至申始明餓而紅沙墜是歲大飢人相食

正德五年甘露降學宮

[illegible]德十四年黑眚昏夜忽至傷人尤殘小兒家燃火擊鑼器以自衛月餘乃息

嘉靖七年春夜有白氣如虹亘天之西南彌亙而散

九年彗星見次於畢尾經月乃滅

二十一年冰雹害稼

二十八年春訛言盜掘河北土冢將命屠邑愚民信之夏訛言復作遂相驚潰諸物狼籍於道甚有逃奔百里者

三十[illegible]年冰雹害麥秋大蝗

三十六年大水

三十七年大風雨壞禾稼及廬舍

隆慶五年正月朔日當食不食

萬曆三年麥大熟有兩岐三岐四岐者

四年五月大風雨拔木郡慶寺佛殿鴟吻在漏澤

闕

七年靈芝產學宮秋提[illegible]八

十二年二月地震三月大雷百姓盡茇歲無麥

崇禎[illegible]年[illegible]

二十一年夏大水四關外漂沒廬舍數千間

三十四年靈芝產徐家寨秋捷一人

三十六年無麥

三十九年大旱井泉枯竭河底見無麥五月始雨人多瘟疫死者枕藉秋蝗食穀殆盡民食豆楮桑葉

崇禎四年十二月叛將李九成陷城九成自吳橋南下陷五縣一州青城與焉

甲申三月十九日李自成陷京師

治四年高苑賊謝千據劉家鎮邑之南境官兵攻之于

突圍走官兵殲其黨十久被圍乃闖營突出而

逸其黨盡行殲滅延及休

屯平民役絕二十七

遂注逾如河

初年流賊劫庫知縣于之扶遇害邑民捕誅之

時市日有數人日宴入城假手擊小梆捶箴入

官宅劫庫以刃承王尹丞送至前門外殺之

賊死鬪擒誅之市自是向教

不復市城中者幾百年

以倉穀賑窮民以學租賑貧士六七年

者悉蠲之八年錢糧未完者亦

康熙三年

五年以前民欠錢糧概予豁免

順治十六七八等年冬項民欠錢糧俱令蠲除

康熙四五六等年民欠錢糧概予豁免

十八年己未終年不雨大飢人相食有馬某鑑[illegible]爲人下亦家庄廟將殺之其人呼能名曰待我氣絶能[illegible]待彼早焼矣後能[illegible]以人肉餉武生王永祚永祚[illegible]墓蔡焉之與絶交[illegible]又有張某者殺其十歲兒啖之其妻至門外叫一呼其鄉人批其頰某亦立斃

二十一年五月張[illegible]村國學井魚貫死者五人後里人王宴如用葬子[illegible]火白雄雞血投之出其尸

二十五年本年錢糧盡行蠲免并令紳衿富戶[illegible]

地租酌量減徵嗣後以七分免產主以三[illegible]

佃種之民

二十六年四月初五日夜賊刼庫官兵追之[illegible]

獲之

三十六年未完銀米免徵

三十七年應徵錢糧三年帶徵

四十二年大水 鄰縣俱大飢青城頗有年上[illegible] 地狹穀貴仍大賑之民安堵

四十三年錢糧通行蠲免又令積年錢糧[illegible]

夏麥大熟

四十四年錢糧蠲免　通用倉米賑濟　又截留

漕米五萬石散賑而外平價發糶以上七月爲

期

四十五年奉

詔黎元雖有起色若新舊并徵勢難兼應所有四十二三

年糧米現徵與帶徵通行蠲免

五十二年錢糧蠲免　五月雷擊塋子王六茶[illegible]

有字一行不可識

五十四年冬李有花

五十九年正月二十六日大風晝晦冷甚夏[illegible]

無禾

六十年無麥　夏大旱前六月二十八日始[illegible]

倉穀賑之八月十五日隕霜豆及晚穀俱殺

六十一年大旱無麥開倉賑之

時連年大旱夏無麥秋禾多枯冬無雪當事[illegible]

差人查飢見家有物可值一二百者不以[illegible]

一兩[illegible]者俱在[illegible]役地方詭名濫支武[illegible]

貧患懦弱者掘草根爲食往往手[illegible][illegible][illegible]入墓

圖及苜蓿地掘而食之須臾立盡其彼者嘯聚

飢民公行剽掠聲言某日劫某家積糧有聞之

懼而陰設法安置之者否則搶劫如洗有奸人

撐破天顧二增蘇大英率數十人各持布囊直

入武生高允恭家劫糧恭給以飲食密報官捕

治之亂民始懲張倬識

雍正元年覆准康熙六十年六十一年錢糧照分

數蠲免　發倉穀賑飢

康熙五十八年至六十一年帶徵錢糧停徵一年

四月初七日大風晝晦時黃時赤人物多迷

長李庄李福魁妻一産二男一女

二年四月十三日地震 康熙五十八年至雍正

元年錢糧作八年帶徵

三年七月十四日霪雨七日秋蕎生芽皆落地

四年興工代賑共老幼殘病者仍日給升合之資

秋後停止

漕糧徵半災甚之處全緩

豐年有年

六年正月朔日食又十月朔日食

六年春市仍入城時河南許公宣因邑人久不登科用靑烏家言令復入城內爲市

七年大有年秋穀斛斗至制錢二十三文豆子制錢十八文黍價十五文

免山東庚戌年錢糧四十萬兩

八年大水窪下處地泉自溢淹禾漂廬舍柳樹高家耿家羅圈常家坊等庄水

九年春冰解時漸乾時縣令張栢不欲報災止

將漂沒田廬數處議賑本縣倉穀遂協濟齊東

尋悔之乃詳請播湯信穀協賑有數處被賑甚

厚然而觖望者多矣

冬停征時被水者已查賑並給以修葺室廬之資猶以未被災之處所收必減比鄰戚災穀價未有不昂者著並停徵

九年發奉天倉米二十萬石分貯山東沿河州縣

從海運至青城者二十萬石糶價多寡不同

撥運通倉米二十萬石

截南漕米二十萬石分貯沿河州縣備賑之

十年靈芝產學宫秋提二人

十一年山東蠲免錢糧四十萬兩　夏旱新舊錢糧緩征截留南漕十萬石貯臨德二倉

文昌神位暫移入明倫堂中

十三年蝗害稼

乾隆二年有麥五月十七日大雨雹大如核桃麥未穫者被災秋大有年

七年十二月寒甚井多凍

八年大旱千里室内器具俱熱風炙樹木向西南

輒多死自五月十二日至六月十七日始雨十九日立秋是歲早穀收三分晚者收三分但氣味不足米有黑頭秫薥穗秃無粒風折豆苗早死秫薥斛斗至制錢一百五十文 六月間自天津南武定府逃走者多路人多熱死井多無水淺船不可行 冬彗星見閃爍光燭地掃奎及東壁營室危虛共四月而沒

九年無麥大旱苗幾槁歲飢如八年至六月十六日始雨秫薥高丈餘然秋早寒不熟至八月經

霜俱死不可食是歲報年𡗝實民田
十年無麥五月初八日雨雹大者如酒杯城池水
面面交流樹葉五穀俱盡後反生惟棉花死
十三年春
十四年三月初六日大雪傷麥
十五年三月十五日大風雨路人有凍死者
十八年太白經天自清明至五月猶見　夏有麥
自立夏至六月十三日十六徹雨十七秋蝗

斗至制錢一百六十文二十四日大雨秋有年

十一月初二三四連日雨

十九年八月十五日月食色赤黄

二十一年五月十四日卯刻地震有辟雷

二十三年六月初六日雨雹[illegible][illegible]頭損折青苗

不爲災　十二月初一日日食

【民國】青城續修縣志

楊啟東修　趙梓湘纂

民國二十四年(1935)鉛印本

祥異志

志之載祥異猶史之志五行也自漢書詳錄五行傳說及其占應後代作史者因之夫天人相感以類而應固不得謂禨之所無而必條分縷析以某事爲某事之應更旁引典証以伸其說繫已刻天道遠人道邇逐事而比之必有驗有不驗至有不驗則見以爲無徵而忽焉前賢之論此悉矣然而災祥之故實關生民之利病雖在一邑亦不可以不紀故著之以爲謹天戒恤民隱者鑒輯祥異志

明

濟南五三美術印刷社承印

景泰七年秋大雨積四旬城舍皆傾民多居鄰平山巔時有窗底惟聞蛙鼓吹庭前常見魚梭拋之句

天順八年甘露降學宫秋捷三人

成化九年黄風自西來晦冥咫尺不辨自未至申始明俄而紅沙降是歲大飢人相食

正德五年甘露降學宫

正德十四年黑眚并夜忽至傷人尤殘小兒家燃火擊鑼器以自衛月餘乃息

嘉靖七年春夜有白氣如虹亘天之西南彌月而散九年彗星見次於畢尾經月乃滅

二十一年氷雹害稼

二十八年春訛言盜掘河北土塚將命屠邑愚民信之夏訛言復作遂相驚潰諸物狼籍於道甚有遠奔百里者

三十五年冰雹害麥秋大蝗

三十六年大水

三十七年大風雨壞禾稼及廬舍

隆慶五年正月朔日當食不食

萬曆三年麥大熟有兩岐三岐四岐者

四年五月大風雨拔木昭慶寺佛殿獸飄在漏澤園

七年靈芝産學宮 秋捷二人

十二年二月地震三月大霜百草盡萎歲無麥

濟南五三美術印刷社承印

十五年大飢樹皮剝盡

二十九年夏大水四關外漂沒廬舍千間

三十四年靈芝產徐家寨（秋捷一人）

三十八年無麥

三十九年井泉枯大清河底見無麥五月始雨人多瘟疫死者枕藉秋蝗食穀殆盡民食豆稭桑葉

崇禎四年十二月叛將李九成陷城（九成自吳橋南下陷五縣一邑青城與焉）

甲申三月十九日李自成陷京師

清

順治四年高苑賊謝千據劉家鎮（邑之南境）官兵攻之千突圍走官

兵燹其黨（千久被圍乃圖營突出而逸其黨盡行燹滅延及本地平民二十七人）

順治初年流賊刼庫知縣王之拱遇害邑民捕賊誅之（時市日有數人日寇入城俱下與小郡押俄入官宅刼庫以办庫王尹頸送至南門外殺之民殊死闘擒賊誅之市自是向教患不復市城中者幾百年）

八年以倉穀賑窮民以學租賑貧士六七年錢糧未完者悉蠲之八九年錢糧未完者亦優免

康熙三年詔順治十五年以前民欠錢糧概予豁免

順治十六七八等年各項民欠錢俱令蠲除

康熙四五六等年民欠錢糧盡予豁免

十八年己未終年不雨大飢人相食（有馬其能者負人至游家井廟將殺之其人呼能名曰待我氣絕能日積汝早炊炙後能以人肉餉武生王永祚永祚厲聲罵之與絕交又有張某者殺其十歲兒煮之其妻至門外叫呼其鄰人批其頰某亦立死）

二十一年五月張新國穿井魚貫死者五人後里人王宴如用蘆子火白雄雞血投之出其尸

二十五年本年錢糧盡行蠲免幷令紳衿富室將地租酌量減徵嗣後以七分免產主以三分免佃種之民

二十六年四月初五日夜賊刼庫官兵追之西河獲之

三十六年未完銀米免徵

三十七年應徵銀糧三年帶徵

四十二年大水鄰縣俱大飢青城頗有年上憲以地狹谷賤仍大賑之民安堵

四十三年錢糧通行蠲免又令積年錢糧免徵是年夏麥大熟

四十四年錢糧蠲免通用倉米賑濟又截留漕米五萬石散賑而外平價發糶以上七月爲期

四十五年奉諭黎元雖有起色若新舊并徵勢難兼應所有四十二年糧米現徵與帶徵通行蠲免

五十二年錢糧蠲免五月雷擊童子王六指背有字一行不可識

五十四年冬季有花

五十九年正月二十六日大風晝晦冷甚夏大旱無禾

六十年無麥夏大旱前六月二十八日始雨發倉穀賑之

八月十五日隕霜豆及晚穀俱死

濟南五 美成印刷所承印

六十一年大旱無麥開倉賑之
時連年大旱夏無麥秋禾多枯冬無雪當事者差人查飢民家有物可值一二百者不以登册而冒充者俱在蠧役地方滋多民竟不沾實惠懦弱者掘草根爲食往往千百爲羣入菜園及昔塋地掘而食之須臾立盡其狡者嘯聚飢民公行剽掠聲言某日劫某家積糧有聞之懼而設法安置之者否則搶劫如洗有奸人撐破天顧二坍蘇大英率數十人各持布囊直入武生高允恭家劫糧恭給以飲食密報官捕治之亂民始懲張倬識

雍正元年覆准康熙六十年六十一年錢糧照分數蠲免發倉

穀賑飢

康熙五十八年至六十一年帶徵錢糧停徵一年四月初七日

大風晝晦時黄時赤人物多迷長李莊李福魁妻一産二

男一女

二年四月十三日地震康熙五十八年至雍正元年錢糧

作八年帶徵

三年七月十四日淫雨七日秫蕎生芽皆落地

四年興工代賑其老幼殘病者仍日給升合之資秋後停

止漕糧徵半災甚之處全緩

五年有年

六年正月朔日食又十月朔日食

六年春市仍入城時河南許公宜因邑人久不發科用青烏家言令復入城内爲市

七年大有年秫薥斛斗至制錢二十二文豆子制錢十八文黍價十五文兑山東庚戌年錢糧四十萬兩

八年大水窪下處地泉自溢淹禾漂廬舍柳樹高家耿家蘇家商家坊等莊水次年春水解時漸乾時縣令張侶不欲報災止將漂没田廬數處議賑本縣倉穀遂協濟齊東尋悔之乃詳請播陽信穀協賑有數處被賑甚厚然而缺望者多矣冬停征時被水者已查賑並以條銀寬緩之徵猶以未被災之處所收必減比鄰被災穀價未有不昂者著並停徵

九年撥奉天倉米二十萬石分貯山東沿河各州縣從海運至青城者二十萬石糶價多寡不同撥運通倉米二十萬石

截南漕米二十萬石分貯沿河州縣備賑

十年靈芝產學宮 秋捷二人

十一年山東蠲免錢糧四十萬兩 夏旱新舊錢糧緩征

截留南漕十萬石貯臨德二倉

文昌神位暫移入明倫堂中

十三年蝗害稼

乾隆二年有麥五月十七日大雨雹大如核桃麥未獲者被災

濟南五 美術印刷社承印

秋大有年

七年十二月寒甚井多凍

八年大旱千里室內器具俱熱風炙樹木向西南輒多死

自五月十二日至六月十七日始雨十九日立秋是歲

早穀收三分晚者收二分但氣味不足米有黑頭秫稭

穗禿無粒風折豆苗旱死秫稭每斗至制錢一百五十

文　六月間天津南武定府逃走者多路人多熱死井

多無水淺船不可行　冬彗星見閃爍光燭地插魁及

東壁營室危虛共四月而沒

九年無麥大旱苗幾槁歲飢如八年至六月十六日始雨

秫蕎高丈餘然秋早寒不熟至八月經霜俱死不可食

是歲報年失實民困極焉

十年無麥五月初八日雨雹大者如酒桮城池水面面交

流樹葉五穀俱盡後反生惟棉花死

十三年奉特旨捐賦

十四年三月初六日大雪傷麥

十五年三月十五日大風雨路人有凍死者

十八年太白經天自清明至五月猶見　夏有麥自立夏

至六月十三日十六微雨十七秫蕎斛斗至制錢一百

六十文二十四日大雨秋有年十一月初二三四連日

濟南五子流印刷社承印

雨

十九年八月十五日月食色赤黃

二十一年五月十四日卯刻地震有聲如雷

二十三年六月初六日雨雹鄰邑禾頗損折青城不爲災

十二月初一日日食

此項紀載雖日休咎之徵終近於迷信現在科學昌明時代似非所宜姑記之以存舊觀

【民國】樂安縣志

李傳煦、陳同善修　王永貞纂

民國七年（1918）石印本

樂安縣志卷十三

雜志 舊本志有古蹟封建外徙分升古蹟爲列綱寓封建於輿地寄外徙於人物五行獨立屈首本志其目五

序曰雜志云者義在掇拾一切譬麗之於書藥之有籠盖軼聞剩蹟崗之既不足獨標附之復無可類入故終曲之奏不得不爲斯變體然志雖雜雜亦志也舊志於標題之下獨贅註曰記以自亂其例不亦疏乎且後先倒置躐躋之藝文之上抑又舛矣茲爲并他所辨析而統與删訂非敢呵古懼誤方來耳知我罪我無容心焉作雜志第十二

災祥 原名五行以所言有祲祥二理依府志改災祥

周赧王三十一年齊千乘博昌之間雨血方數百里沾衣皆赤

西漢宣帝本始元年五月鳳凰集膠東千乘

元帝初元二年正月齊地震北海水溢

成帝建始四年河決館陶汎東郡平原濟南千乘凡灌四郡三十二縣水居地十五萬餘頃深者三丈敗壞官亭室廬四萬所

東漢質帝本初元年五月海水溢樂安北海溺殺人物

晉武帝太康六年二月隕霜殺麥

宋孝武帝孝建二年嘉禾異畝同穎

唐高宗上元三年八月青州大風海水溢岸壞居民五千餘家

宋仁宗皇祐五年二月齊大風海水溢岸

明宣德元年城中有黑氣如死尸

成化二十年白烏集樂安

成化二十一年大饑

正德五年冬濟河冰合百里厚數尺濟稱德水冰合亦有異然為災

正德十六年阜城鋪忽出一泉北流至南門外折而東成淵渚非大旱不涸

隆慶元年正月獲白鹿三於辛鎮場

隆慶三年七月大水

隆慶四年春二月地震秋流星大如斗西行光燭如晝天鼓鳴

萬曆四年五月大風折木屋瓦皆飛

萬曆二十五年秋八月小清逆流

萬曆三十三年五月旱蝗秋蝻生

萬曆三十五年大有秋

萬曆四十一年海潮一百二十里害民田廬無算

萬曆四十二年秋大水

萬曆四十三年大饑人相食

萬曆四十四年大疫

萬曆四十五年蝗災

萬曆四十六年彗星見東南方三月而滅

萬曆四十七年大有秋

萬曆四十八年秋大雨雹

天啟元年地震

天啟六年秋大水蝻食禾

崇禎四年府志作二年夏大旱　秋大水

崇禎六年雨黑粟如蕎麥可食

崇禎十五年四月太白經天

清順治三年大水

順治四年秋陰雨四十日不止大水傷稼饑

按舊府志不載雨時與壽光志同昌樂志秋大水注云霪雨四十餘日安邱續志七月大雨注霪雨連綿以二志揆之當亦秋也

順治十一年春大雨雹

康熙三年冬彗星見兩月而滅

康熙四年春彗星復見　大旱無麥

康熙五年旱無麥

康熙六年秋大雨淄河水溢至城東門

康熙七年四月海水溢六月地震有聲如雷屋宇傾圮

康熙十一年四月隕霜殺麥

康熙十三年蝗災

康熙十五年有秋斗粟錢十八文

康熙十六年大有年粟賤病農

康熙十八年大饑

康熙二十年有秋

康熙二十一年大水

康熙二十三年大水

康熙二十五年大水

康熙三十三年蝗災

康熙三十五年大水

康熙四十一年雨雹傷麥

康熙四十二年大水歲饑

康熙四十三年大饑大疫

康熙四十五年大有年

康熙四十七年蝗災

康熙五十五年大水

康熙六十年大旱

康熙六十一年大旱

雍正元年大旱

雍正八年大水

雍正九年大水

乾隆四十八年八月朔隕霜殺禾歲饑

乾隆五十一年夏大旱秋溈陽女水溢歲饑

乾隆五十七年元旦大雨夏無麥

乾隆六十年大旱饑

嘉慶十七年雨雹傷麥

嘉慶二十五年七月大疫人多死

道光十六年歲大饑人相食

道光二十五年春二月海水溢漂沒居民廬舍無算

咸豐元年大水

咸豐二年地震

咸豐三年大水十月桃杏華

咸豐五年大水

咸豐六年黃水至

咸豐七年蝗

咸豐八年大有年

咸豐九年旱無麥禾

咸豐十一年二月彗星見西北明正始滅八月捻匪至十七西北行廿七東南行殺

掠縱火民不堪命

同治元年二月黑風蔽日廿一夕起徹夜乃息夏大疫

同治三年九月無雲而雷移時

同治四年正月廿三夜雪電光明霹靂一聲

同治六年捻匪再至

光緒元年七月大風傷禾八月雨雹傷菽

光緒二年旱大無麥禾

光緒三年旱大無麥禾

光緒六年九月天雨綫如練如雪三日

光緒八年四月廿七大雨雹五月廿二又雹八月彗星見柳星之分三月而滅十二月太白經天

光緒九年五月雨雹傷麥十一月廿七日將入黑子摩盪者久之

光緒十二年七月蝗蝻生

光緒十四年五月初四地震閱數日又震七月霪雨十日平地水深數尺

光緒十五年大饑

光緒二十一年冬太白經天

光緒二十四年河決韓家口汎新清南北六十里黃水為災無逾於此

光緒二十五年六月飛蝗徧野

光緒二十六年夏五月熒惑入南斗聖駕西巡

光緒二十七年二月大風揚沙晝晦既而雨泥着衣有迹

光緒二十八年六月大疫人多死

光緒二十九年夏又疫秋太白屢經天

光緒三十二年五月飛蝗蔽天

光緒三十三年夏熒惑入南斗數月

光緒三十四年元旦雨夏大旱七月廿三大雨如注淄陽女水溢禾

盡死歲饑

宣統二年三月隕霜殺麥不為災

宣統三年除夕大雨雷電十月朔桃杏華五日冰堅可渡

按順逆影響之機蓋亦微矣新學務實凡百禨祥皆歸諸當然無關修悖然而日食星隕仰觀天文川竭山崩俯察地理水旱昆蟲之災盜賊癘疫之變皆足以徵休咎考得失謹時數以省躬順人情而出治者也感應之數所關顧不鉅哉

【民國】續修廣饒縣志

潘萊峰修　王寅山纂

民國二十四年(1935)鉛印本

續修廣饒縣志卷二十六

雜志

雜記一門志乘家多祖曲臺舊例以名其篇近代間有以志名者雖內容有繁簡範圍有廣狹彼此各不相侔然既統之曰雜則其爲衆流所滙觸類旁通可知矣縣由漢以來災祥物異等類迭有記載降及民國事變多端離奇詭駭迥異往昔獨標一門則義雖悉當附諸他門則例嫌不類故以厠之雜志爲宜此外如拾遺一欄與歷代舊縣志序及修志者姓氏若於他方强事參加亦均感不愜故擬一併列入本門焉集雜志

通紀一

濟南五三美術印刷社承印

西漢

元帝初元二年地震北海水溢

東漢

質帝本初元年海水溢溺殺人物

晉

武帝太康六年二月隕霜殺麥

唐

高宗上元三年八月大風海水溢岸壞民居五千餘家

宋

仁宗皇祐五年大風海水溢岸

欽宗靖康間臨朐土寇入犯邑丞丁興宗率民兵拒戰不克死之

明

成祖永樂十八年民婦唐賽兒黨破樂安

憲宗成化二十一年大饑

武宗正德二年流賊劉六劉七齊彥名等由益都北竄入境知益都縣牛鸞率兵追及於邑城東之大王橋大破之

五年冬濟河即小清河冰合百里厚數尺舊稱濟水冰合必有異災

六年劉六等連陷樂安安邱乃悉衆攻諸城

穆宗隆慶元年正月獲三白鹿於辛鎮場鹿非本地所產故特志以見異

三年七月大水

濟南五三美術印刷社承印

四年二月地震

神宗萬曆四年五月大風折木屋瓦皆飛

二十五年八月小清河逆流

三十二年五月旱蝗秋蝻生

三十五年大有秋

四十一年海潮一百二十里壞民居田產無算

四十三年大饑人相食

四十四年大疫

四十五年蝗災

四十七年大有秋

四十八年秋大雨雹

熹宗天啓元年地震

六年秋大水蝻生食禾

七年秋大水

思宗崇禎四年夏大旱秋大水並有逃兵陸洪等數十騎自利津入境南竄冬逃兵四十騎過城下東掠宋家店而去

十五年城陷考通志是年清兵克薊州分道南略至山東攻下濟南等府凡攻克八十餘城時升兵戰守者甚有臨淄舊縣文昌時期邑城係與臨淄同時陷落可考又相傳城為土寇所破

清

世祖順治元年流寇趙應元掠臥石村南去

濟南五美橋日新鐵印刷所承印

三年秋大水

四年夏土寇張介石陷城劫庫藏知縣將元彥死之李方縣志作十四年

秋大水傷禾稼歲饑

五年賊首張介石伏誅

六年春山寇掠邑邑兵邀擊大破之

九年大水修葺城工

十一年大雨雹

十三年膠兵叛縣城戒嚴

聖祖康熙四年大旱無麥秋大雨雹傷禾西南鄉更甚

六年秋大雨淄水至城東門

七年四月海水溢六月地震有聲如雷屋宇傾圮

十一年四月隕霜殺麥

十三年蝗災

十五年大有秋斗粟值制錢十八文

十六年大豐粟賤病農

十八年大饑

二十一年大水

二十三年大水

二十五年大水

三十三年蝗災

濟南五三美術印刷社承印

三十五年大水

四十一年雨雹傷麥

四十二年大水歲饑

四十三年大饑大疫

四十五年大有年

四十七年蝗災

五十五年大水

六十年大旱

六十一年大旱

世祖雍正元年大旱

八年大水

九年大水

高宗乾隆十六年勸墾荒地六頃八十一畝

四十五年升科地一十二頃

四十八年八月朔隕霜殺禾歲饑

五十一年夏大旱秋大水淄陽女三河皆溢歲凶

五十七年元旦大雨夏無麥

六十年大旱饑

仁宗嘉慶十七年雨雹傷麥

二十三年豁除湖淤鹼廢地地丁銀一百三十三兩

濟南五三美術印刷社承印

二十五年大疫人多死

宣宗道光十六年歲大饑人相食

二十五年春海水溢漂沒居民廬舍無算秋豁除鹻廢地銀一千九百四十兩

文宗咸豐元年大水

二年地震

三年大水十月桃李華

五年大水

六年黃河水至

七年蝗

八年大有年

九年旱無麥禾

十一年八月捻匪數萬竄擾縣境旬日之間往復二次已而分爲二股一東走壽光一南趨青州蒙古親王僧格林沁統大軍追過縣城把總韓吉泰出城犒之是亂羣匪到處殺擄焚掠縣民被害者甚衆尤以城北之李家樓與北之木橋頭入馬頭南鄉之韓家莊爲最慘

穆宗同治元年二月黑風蔽日十二日起徹夜始息夏大疫

三年九月無雲而雷者移時

四年正月十三日夜雷電光明霹靂一聲

六年捻匪復擾縣境經官軍追入壽光東竄是時各村圍圩多成缺以未受鉅禍

濟南五三美術印刷社承印

德宗光緒元年七月大風傷禾八月雨雹傷菽

二年大旱無麥禾

三年大旱無麥禾

八年四月大雨雹五月又雹

九年五月雨雹傷麥

十二年七月蝗蝻生

十四年五月地震間數日又震七月淫雨十日平地水深數尺

十五年大饑

二十四年河決韓家口氾濫新淸南北六十里黃河水災此爲最鉅

二十五年六月飛蝗遍野

二十八年六月大疫人多死

二十九年夏又疫

三十二年五月飛蝗蔽空

三十四年元旦雨夏大旱七月大雨如注淄陽女三水並溢禾盡死歲饑

遜帝宣統二年三月隕霜殺麥不爲災

三年十月朔桃李華五日堅冰可渡十二月除夕大雨雷電

中華民國 由清而上皆按舊志於年下直接記事惟自民國紀元事蹟日繁且劇自當採取前略後詳之通例變更紀錄以求清晰茲依萊蕪膠澳志大事記體制另定編年紀月法如左

民國元年

濟南五三美術印刷社承印

六月縣同盟會（後改國民黨）成立並有縣議會縣參議會之組織（詳政教志自治欄）

民國二年

城北丁家鄉一帶旱蝗西南鄉大水

民國三年

春縣知事王文域赴北鄉督催驗契被戕於碑寺口（當時文域飭催民間呈驗田房各契抽稅過苛而督責又急故及於難）岱北道尹夏樸齋膠東道尹吳永先後帶兵到縣查辦戕官案捕數人置之法事遂平

夏西南鄉劉奴才等股匪起（匪據趙艾莊爲老巢衆至三十餘人時竄各村搶架勒贖城南大岱

秋西南鄉大澇

冬西南鄉匪首九人潛窟羊角溝駐濰巡防兵捕獲劉奴才等四人斃之餘悉遁去

民國四年

西南鄉股匪復熾以吳蔡崔九為渠魁吳崔均係隸劉奴才部下吳不久落網崔乃獨爲梟首自是時熾時衰爲患多年未息

民國五年

夏臨淄人邢懿臣劉鶴亭等引駐濰革軍攻城數日未克縣警隊擊卻之時臨淄城已爲濰兵所佔故進退甚易

六月省軍到縣駐城中二十餘日地方苦之此軍本以追擊濰兵但到縣時濰兵已去

濟南五三美術印刷社承印

數口

民國六年

夏東南鄉股匪起縣警備隊往勦轉戰至壽光之馬家莊隊長姜騰驤陣亡當時並亡警兵二人

民國七年

春縣警備隊赴城西北何王莊緝捕著匪李征隊長陳朝棟死之並亡警兵一名李征亦被擊斃

夏城北萬全鄉大疫西南鄉大澇

民國九年

春股匪李二等八十餘人闖入第八區之東王屋旋擄人退去

民國十年

秋縣境大水北鄉尤甚災民至十萬之多縣當局及教會團體均設急賑以救濟之事詳政教志救卹欄內

民國十一年

秋西南鄉大疫婦女死亡尤多

股匪崔九等五十餘人襲攻小張鎮防局未克焚毀防局西偏民舍多間匪亦死二人

民國十二年

春匪首李二等六十餘人竄野頭莊居民被擄去十餘人死傷數人焚毀房舍八十餘間

濟南五三美術印刷社承印

夏匪入成家寨居民損失甚鉅

民國十三年

夏第八區之孫路鄉及第三區之安七安二安六各保均蝗蟲爲災又海匪入吳營鄉之南莊子擄人勒贖至三萬餘元

民國十四年

春黃河決口於利津王家院縣境之孫路鄉農田多被淹沒

夏城北丁家鄉大疫西南鄉蝗災

匪入吳家營擄人勒贖七千餘元

秋張宗昌下令勒捐數比一年田賦自是肆行聚斂錢物非微一歲數次直至十七年國軍下濟南患始息

酷吏縣長李星垣至時張宗昌據魯星垣挾其勢苛派婪索民不堪命

民國十五年

春股匪三十餘人入吳楊鄉居民損失三千餘元

秋西南鄉蟲災

民國十六年

夏縣中學成立組織詳教育志

城北之李佛萬金馬琅各鄉及城南安二安七各保皆蝗蟲爲災

七月巨淀湖匪大起湖因近年以來水少淤多蔽蘆茂密周數十里羣匪乃據爲巢窟邑之馬頭鎮距湖密邇受害特烈迨二十一年患始稍已

民國十七年

濟南五三美術印刷社承印

春黃河由利津之王家院棘子劉先後決口縣境北自嵴頭東營東趙南至盧家萬全各鄉鎮衝毀村舍甚多人畜亦漂沒無算

國府大學院院長蔡元培以院令廢止祀孔舊禮

六月黃鳳岐部雜軍入城據縣中學設僞司令部黃部本張宗昌潰兵之一旅乘日人據我膠濟鐵路國軍不能進攻之時竟由諸台南竄入境駐城以後把持縣政改組警隊與吉光匪部互相勾結按賦加捐四出發掠縣境騷然

七月第四區及第八區之北部飛蝗徧野繼生蝻子田禾盡損

民國十八年

三月悍匪六十餘人竄入第八區之現河莊盤踞三晝夜始去人民死三十餘人被擄二十餘人房舍焚毀九百餘間實爲空前

浩劫

雜軍孫殿英旅自桓臺入境黃鳳岐部東竄孫旅遂入城繼又率大部東據壽光只留後方百餘人守城

四月任應岐之四十九師係中央收編之軍隊到縣旋率大部東趨掖縣擊黃鳳岐惟留張某一團駐守同時各村鎮亦留戴民權一團駐紮並有勒索給養情形

任軍叛兵張子成部突由博興入境襲擊縣城係殿英之後方百餘人出城與合急攻五六晝夜不下乃大掠而東當賊之未退也因攻城不克憤而四出抄掠焚殺周城二三十里人民死傷甚多並損失財物無算而第二區之紀家莊小張淡等數村屠戮尤慘

五月十三日張子成殘部沿途散亡于是僅餘三百餘人由壽光竄回復經城西竄博興而北

濟南五三美術印刷社承印

六月任應岐之留守張團東開新編第四師（原係匪軍）劉桂堂部遂由臨淄入據縣城（北有一營據城南十里堡）越二十日大掠而去公私損失約二十萬元

七月孫殿英復遣一團由壽光入城勒令地方供應甚苛（總計孫軍駐縣四越月之久地方被括去國幣約十萬餘元大車二百三十餘輛）

八月黃河由利津紀家莊決口縣境之哨頭東營東趙辛店萬全等各鄉鎮均受鉅災（同時黃鳳岐部遺匪八千餘等竄入與家營居民損失在數千元）

博興共匪馬千里等百餘人由臨淄北竄入境截刼辛廣汽車於大張莊之南縣公安局巡官王家駿率警擊之乃西向逸去

國府下令改祀孔爲孔子紀念日（附有紀念儀式）

民國十九年

五月黃河復由利津決口向南橫流城北之耿家井一帶受害甚重

雜軍高玉璞部千餘人入縣始駐西關北關既而分部集中城東之梧村朱家莊最後又有一部入城據東南圈各機關統計勒索供給一萬餘元此外匪軍李嘯溪生燈頭張大鼻子等部亦先後佔據石村鎮騷擾甚烈

六月晉軍高桂滋一旅由東境過城旋北去

省軍喬立志谷良民趙心德等三師一旅由西南境入縣旋以分向堵截晉軍開拔他往

七月晉軍張蔭梧部二千餘人沿小清河南岸東趨壽光旋又折

濟南五三美術印刷社承印

回經西關南下連台由臨淄北來之晉軍與省軍相持於南鄉之黃邱孪王莊臥石張淡之間激戰月餘乃西南退去迫晉軍悉出境僞縣長王文義亦相繼遁

高玉璞部王大來一團與縣隊劉永吉部激戰於城內之文廟街王部夜潰圍由南門出同時高部之秦闕亦被繳械高玉璞遁

八月僞游擊司令崔九部西北潰去崔九係西南鄉二十年積匪於本年三四月間受經省軍招撫眾至三百餘人分據安七保之梨園子張郭陳營子羅家鮑家數莊繳乃勾串外匪米三周六等同時叛變一面分向各村鎮勒取大宗財物一面四出搶架焚殺以致周數十里民不聊生七月一日大舉進攻南鄉之王家莊焚毀房舍多處幾害鄉民數人繳而崔九面中槍彈而退並死匪日二人傷匪兵十餘名部眾擕離其勢遽殺後經晉軍委僞游擊司令復糾集匪眾盤踞安七老巢至是以晉軍各路悉敗乃潰而流竄於本境及博興利津桓臺數邑間

冬崔九股匪先後闖入北鄉之吳家營辛店鎮大肆焚掠而辛店鎮死三十餘人傷四五人受禍尤慘

東南鄉紅槍會解散該會起於本年春間其始只以大王橋一帶爲根據地繼而又與益都北部壽光東境各會彼此聯絡互通聲氣其勢遂盛當其設壇集會雖以勸匪衛民宣示於衆而實多不法行爲數月以後屢經官府嚴禁至是乃完全解散

冬省府下令准由地丁銀項下分期攤還十八年軍事墊款三十八萬元當十八年雜軍先後駐縣時勒索供應不下百餘萬元嗣由縣當局以軍事墊款名義呈報省府籲請撥還乃蒙核准三十八萬元之數並明令按年分作九期由地丁銀項下扣還計至二十八年還清

民國二十年

一月駐縣省軍陳德馨旅襲破崔九殘部於博興之沙窩莊斬獲

濟南五三美術印刷社承印

五十餘級傷數十人崔九不知下落或云九突圍而出逃至安德莊因傷重自殺但事後經官方往查其尸已為野犬破裂眞僞莫辨

秋第八區之耿家井盧家鄉一帶蝗蟲為災歲凶

民國二十一年

夏城東南大疫病者十之七八馬家樓一村死亡竟至四五十人城北之萬全盧家袁家李佛諸鄉并患虎疫蝗災

民國二十二年

秋北鄉現河莊復遭匪患

民國二十三年

夏省府下令廢除本縣西關集榆皮行香行麵行花粉魚行各稅

國府迭頒明令尊孔並定孔子誕辰爲國定紀念日

秋黃河決口於利津之壽光園子南流入境第八區之十八村及年豐局青坨子一帶均受其害大水之後繼以沴疫人民死亡甚多

冬天氣過暖陰雨亦多時屆三九而溫度恆在華氏表四五十度間實爲數十年來未有之氣候其溼度亦較他冬爲踰量

省府復下令廢除本縣西關集炭行油行及圪塔子集蓆糧行馬頭集蓆糧行各稅

中央全國土地委員會先後派調查員于治堂視察員李君諸等到縣調查全境土地山東分作八區調查本縣及臨淄並屬八區之一其調查主旨在明恐土壤肥瘠地稅輕重以及土地生產與分配狀況實爲民元以來之創舉

濟南五三美術印刷社承印

袁勵傑、張儒玉修　王寀廷纂

【民國】重修新城縣志

民國二十二年(1933)鉛印本

重修新城縣志卷四

方輿志四

災祥

前志謂聖不語怪災祥之說似涉不經若甚諱言之者噫異矣夫故易言餘慶餘殃書言休徵咎徵以至星殞日食春秋必書豈故神其說愚黔首哉蓋人事變於下斯天道應於上一隅之微亦未可忽茲自立縣以來凡災祥之足徵者備列於方輿篇中俾吾人知畏天時保之意云爾

元

至元二十年濟南淄萊蝗　五年淄萊大水　二十九年秋般陽蝗

大德五年夏六月般陽大水

至大元年般陽大饑夏四月大風雨雹　二年秋般陽蝗　四年

鄒濮滕水決犢固里蝗

延祐元年春三月般陽雨雪

泰定元年夏六月濟南般陽蝗

至正六年般陽大饑

明

成化癸巳大饑人相食

弘治壬子大饑

正德己巳旱蝗田無禾　庚午大饑　戊寅夏大水漂禾衝屋

辛未流賊突至（官民登城遇屠詳具傳）

嘉靖丁亥春三月甘露降　戊子夏無雲雷震　乙巳夏六月大水　庚戌秋七月大水　辛亥春正月上旬夜流火（舉家飼流火流樹狀若下）（雨久之不息）　丙辰秋七月大水　乙未春夏大疫夏四月無雨　庚申旱蝗田無禾

隆慶己巳春夏蝗秋大水　庚午大水　壬申春正月元日雪深三尺

萬曆癸酉大旱秋七月乃雨　甲戌春三月風雹　丙子夏五月黑風晝瞑　丙戌地震蚜蝗傷禾　丁亥大饑（流徙且飢饉工者不給直）　戊子夏大旱蝗　庚寅秋八月飛蝗蔽天　丙申秋大雨水（漂屋沒橋東北）

二關如撈魚游不中 丁酉河渠諸水皆沸 戊戌春水湧 乙卯春正月地裂三月朔大雪桃杏無花秋大饑歲云清明不見桃杏花千里萬里無人家是秋及明年饑稱其乘秋大饑余山石起人掘向向胡掃食人所在面是 丙辰大饑 丁巳蝗大饑是歲蝗災遍山東陳死萬衆御史過庭訓律議納穀納蝗者給衣巾諸學始有穀生蝗生之名

天啓辛酉夏熒惑見秋星隕如雨 壬戌夏五月太白晝見 癸亥春隕霜殺桑地震 甲子春鸛鵠來集秋熒惑入南斗冬天鼓鳴諸云鸛鵠不食棲東十餘無此是食人有人津往港之證 乙丑夏大風雨秋大風 丙寅秋大水冬大雪七月初三日水決高七堪東西北皆淹沒冬大雪深三尺 丁卯春正月元旦日異秋大水月初出十日環之動為乃散

崇禎辛未春正月大風冬十二月孔有德李九成等叛攻陷縣城

知縣秦三輔等死之正月二十四日午刻風起而霾月暈日晝見色赤如血申刻慘有聲日者十餘變動不居二十五日日中有黑子又有黑子數頭作背趨之狀其日日在尾十度月在尾一度是夜荒雞爭鳴又月下見一賊如烟高狀十二月初七日叛將李九成孔有德等自吳橋南下陷城知縣秦三輔等死之一時士民死節者甚衆 戊寅冬月暈有鼠異羣鼠白晝出遊不避人 庚辰大旱人相食城東某牆作人狀形又明年大兵陷城 辛巳夏四月大雨雹五月甘露降什安降曾村一帶長三里闊隔地如霜數日不晞嘗之甘如蜜 壬午冬十二月清兵克城十二月初一日清兵自濟南來攻城入之 甲申春三月大風流寇陷京師三月初九日風起西北黃霾蔽天皆紅腥臭後日十九日流寇李自成陷京師僞縣尹賈三俊至

清

順治三年丙戌冬土匪陷城爲頭賊謝千作亂衆千三爲陷城大肆燒掠 五年戊子霪雨連綿六十餘日水及城根生蛙滿枝 七年庚寅水虸蚄害稼 十年癸巳秋九月大雪

重修新城縣志　卷四

陰霖旬日不止　十六年己亥春二月大雪三日

康熙元年壬寅春正月大風晝晦土寇襲城長山賊劉總鑽城焚陳及伊王李三紳家　二年甲辰夏隕霜四月二十三日夜隕霜殺麥[illegible]蠲赦　四年乙巳春夏不雨本年錢糧奉行豁免發帑賑濟　七年戊申夏地震六月十七日戌時有聲如雷地大震城垣房舍傾倒無數人畜壓死　十五年丙辰秋月華見　十八年己未大旱是歲閏年不雨錢糧奉文蠲免十分之三發粟賑濟　十九年庚申獨免本縣租仍令他縣運米發賑　二十一年壬戌春夏旱秋大水本年錢糧蠲免十分之三　二十二年癸亥大水田舍漂沒本年錢糧蠲免十分之三　三十六年丁丑饑發粟賑粥平糶糴止滿山東濟饑　三十七年戊寅旱饑撫院奏聞旱饑朝廷賑濟民倉同濟粥賑濟　三十九年庚辰春正月地市現正月朔地市現於張茅莊之西南城郭樓台車馬人物若將可數　四十二年癸未春地市又現夏大水正月二十四日張茅莊西南又現城市房屋樓台出村

外觀鄉時方散　夏雨寸澤民大飢道旅貝賑卹是年行濟南等府州旨銀災

四十三年甲申大饑山東全饑地丁銀米盡行蠲免　四十四年乙酉蠲免丁銀夏大風拔木　四十五年丙戌豁除山東四十二年後積逋　四十六年丁亥自春至五月大旱六月淫雨　五十二年癸巳蠲免山東地丁銀　五十五年丙申大水　六十年辛丑山東大旱　六十一年壬寅旱災大旱無麥以倉穀賑濟秋烏河大水

雍正元年癸卯減賦濟南前被災州縣糧賦減除有差　三年乙巳春二月日月合璧日庚午日月合璧　八年庚戌夏六月大水詔予民三月糧並給倉銀兩有差　九年辛亥減賦減除被災州縣糧賦有差以濟南米賑　十二年甲寅九月邑民趙允中妻一產三男

乾隆十三年戊辰春大饑秋大水　三十一年丙戌蠲漕糧邑民朱振連妻一產三男　三十六年辛卯大水賑卹饑民　三十八年癸巳春冰山現（春正月有冰山夜起於錦湖之南豚島二十里長二百步月餘始消）　四十年乙未秋天鼓鳴　四十一年丙申春二月風如晦　四十二年丁酉饑　四十三年戊戌夏麥秀兩歧秋桃李華　四十六年辛丑大水（賑卹饑濟糧）　四十七年壬寅夏五月大風　四十九年甲辰秋旱（秋不雨至於乙巳六月始雨蝗生縣令劉大紳率吏役捕之盡滅）　五十一年丙午春夏大旱　五十二年丁未旱　五十五年庚戌春隕霜殺麥蠲逋賦（豁免四十九年至五十一年逋賦）　五十六年辛亥蠲山東地丁銀兩　五十七年壬子蠲山東漕糧　五十八年癸丑冬大風如晦　六十年乙卯蝦蚄生（豁免積逋漕糧）

嘉慶元年丙辰蠲免山東丁銀　四年己未夏大風　六年夏大風雹屋瓦幾盡　八年癸亥十月黃河決由大清溢入小清至青沙泊　九年甲子正月氷山起於青沙泊夏蝗　十年乙丑蝗生

道光十七年丁酉大旱　二十年庚子春正月雷電虹見二月朔日蝕夏五月大雨雹麥已成熟稭稜不登　二十二年壬寅彗星出西南　二十三年癸卯夏冬日蝕六月朔十一月朔均日食　二十六年丙午夏五月風災　二十七年丁未大雨水　三十年庚戌正月朔日食

咸豐元年辛亥秋大水　二年壬子夏風災冬日食地震六月二十八日大風一晝夜田禾俱壞十月朔日食十二月朔日食初六日初昏地震　三年癸丑春地震日蝕秋大雨水

正月初八日戌時地震三次三月初七亥時地震七月十八日大雨水田不盡沒房屋傾圮無數日食月蝕未詳　四年甲寅夏大水秋蝗冬雷　五年乙卯秋大水有蝗　六年丙辰秋蝗　七年丁巳夏蝗閏五月二十二日蝗生有飛東如蜂擁之盡死秋不無害　八年戊午秋日月星示異七月初五日日色赤昏暗無光至夕月赤然八月彗星見沖北斗月餘始沒　九年己未春夏大旱冬大雪　十年庚申春大雪夏熒惑見秋大熟二月初五日陰雲蔽月四月熒惑入南斗秋大熟自九月至十月迭次哄傳賊至各莊始議團紳其勢稍[illegible][illegible]然　十一年辛酉春捻匪入寇夏有黃風彗出竟天冬疫

同治元年壬戌春有黑風夏蝗疫秋星流彗見劉德配叛於淄川戒嚴　二年癸亥夏解嚴先是蒙古郡王僧格林沁興兵攻劉德配於淄川至六月破之本縣遂解嚴　三年甲子秋七月田禾多蟲蝗冬大雪　四年乙丑春雷電雨雹夏

日月並行太白經天　六年丁卯捻匪屢至　七年戊辰麥大熟秋九月天鼓鳴　八年己巳春雷雹夏秋旱蝗正月初三日夜陰雹雷交作過半夜乃止五月旱六月蝗蝻捻匪至各處俱補閘牆七月大旱多虫災　九年庚午秋行夏令七月初旬大雨烏河中水溢溺人有熱死者八九月旱十月降大雨　十一年壬申夏日食秋大風雨禾盡偃　十二年癸酉春日色赤雨雹　十三年甲戌夏六月彗星見北方

光緒元年乙亥秋旱　二年丙子春旱秋禾有蟲災饑　三年丁丑五月大雨雹秋禾災　七年辛巳夏彗星見　八年壬午夏日食雨雹秋太白見彗星出　九年癸未夏白虹見　十三年丁亥大饑民多流亡自冬至明春民遷移山西陝西河南者甚衆　十四年戊子大饑夏五月地震秋大風雨大疫四月將盡蝗蝻捻匪至人多饑逃各處祇修閘經閘牆五月初四日午後地震秋大雨水氣大

風秋不登假是歲大饑米價昂貴八月至十月大疫人無死　十五年己丑大饑　十六年庚寅多雨水秋九月日食熒惑守心　十七年辛卯春隕霜殺麥秋九月朔日食　十八年壬辰夏蝗生　十九年癸巳冬十一月大雪　二十年甲午春日食三月朔日食秋倭人爲亂於朝鮮撫遼令扎徵閩練總關　二十二年丙申春風異秋大水三月二十五日午時大風晝黑如夜逾一時許秋大水　二十四年戊戌秋水災七月初四日大水泛溢城北五十餘村被淹漏溺得賑　二十五年己亥春旱夏大雨　二十六年庚子夏熒惑入南斗太白晝見　三十一年乙巳夏旱秋蝗災　三十二年丙午春夏旱秋蝗蝻爲災　三十三年丁未夏熒惑入南斗大旱冬桃杏花　三十四年戊申夏大旱秋大水饑

宣統元年己酉春旱　二年庚戌春三月隕霜殺麥　三年辛亥春正月朔大雨雹夏大雨雹秋武昌起義元旦夜大雷電雨雹天明不能行禮又六月初六月十八日大雨雹田禾盡壞是秋八月武昌起義清帝遜位

王元一纂修

【民國】桓台志略

民國二十三年(1934)鉛印本

災祥 附兵事

中華民國元年壬子春二月知縣吳士釗請兵駐縣夏秋旱冬盜賊四起

時學生張正源等六人以淸帝遜位請知縣吳士釗宣佈共和語言衝突吳氏將張等管押揑稟學生等結黨鬧署請兵彈壓是爲本縣駐兵之始

二年癸丑春旱冬盜熾各村修圩練團

是年山東中路巡防馬隊第二營管帶蔡紫雯全營駐縣計馬兵百餘名槍百餘枝小鋼礮一門馬乾等由縣供給

三年甲寅春大風盜賊愈熾奉諭練團修圩是年本縣更名桓台

四年乙卯夏日異秋蟲災

四月日有二環上有紅氣一條六月飛蝗自北南去尚不爲害

秋禾生蟲被咬心遂無穫是年盜仍熾五穀昂貴

五年丙辰春三月周村護國軍來攻兵民合力擊退之

先是諸城人吳大洲等佔周村稱護國軍遣薄子明謝寶軒等

率隊來攻經駐防馬隊偕民團抵禦薄等退

六年丁巳春旱夏秋水災冬日異

米粟昂貴十月二十日日有雙環盜仍熾

七年戊午春旱夏大雨雹秋大雨水

春旱至麥熟粟值稍落旋大雨雹秋又大雨水田禾成災匪患

愈甚知事王右弼呈准立保衛團六隊隊二十人

八年己未春夏旱蝗知事田晉鐸呈准升本縣為二等缺

是年河流涸竭蝗蝻為災粟昂貴知事田晉鐸呈准改保衛團

爲警備隊添馬隊二十名升本縣爲二等缺

九年庚申春夏旱蝗冬十月復生蝗蝻

五穀不登民乏食知事田晉鐸奉令籌辦全縣民團戶閒不勝

其擾

十年辛酉春夏大旱

湖水涸粟昂貴

十三年甲子立全縣保衛團

十六年丁卯春三月日異冬併警備隊於警察所

日有三環是冬警備隊奉令改爲武裝警察併於警察所立三

分所每所六十人

十七年戊辰夏六月戰地委員會委周欲蘇爲縣長分警察爲兩部

先是五月間有匪首李鴻坤冒充革命軍團長帶匪徒四十餘人經警察隊長王樹彭胡鳳林等擒獲之旋僞師長靳錫昌入境驅逐縣長徐殿甲委王仁山爲縣長本邑情形極爲混亂六月國民革命軍北伐成功戰地委員會委周欲蘇爲桓台縣長改警察所爲兩部一公安局一公安隊

秋七月公安隊誘獲僞招撫使王訥僞師長李剛

先是有安邱人王訥自稱自治軍招撫使與僞師長李剛使人來縣恐嚇勒索經紳董婉勸令退至是竟帶匪衆二千餘人來

與經警察大隊長王樹彭分隊長胡鳳林張景祺誘王訥李剛及其親隨入城遂擒之餘匪來攻警隊擊退之李呈明正法王後保釋

八月公安隊獲著匪冬灌兵來犯擊退之

是月桿首大興棚帶匪衆二百餘名竄東北境架票四十餘人經隊長胡鳳林率隊截擊於後諸葛莊奪回二十餘人斃匪首一匪徒十餘餘匪遁冬灌兵首領黃鳳岐率匪徒由高苑犯境隊長胡鳳林帶全部警隊禦之於岔河

十八年己巳春二月國民革命軍新編第二旅旅長孫殿英率全旅到城籌給養至十一月始移防

八月劉桂堂張敬堯由臨淄調河南過縣南境農民逃避

十九年庚午警察隊保衛團改組民團大隊部

是年六月晉軍過境東隅土匪蜂起紳民公推劉寶元為東鎮民

團游擊隊長合力抵禦各村得慶安全

（清）余爲霖修　（清）郭國琦等纂

【康熙】新修齊東縣志

清康熙二十四年（1685）刻本

災祥

書曰惠迪吉從逆凶春秋紀災不紀祥示戒也之災祥舊志甚悉萬曆後災則屢與而祥不一見焉要之天道遠人事邇蝗不入境虎遂渡河前輩班班可考豈伊異人任予轉災爲祥是在司土者之修省云

元

大德丙午山東饑尚書武明濟賑

至治癸亥蝗蝻害稼

泰定二年六月蝗三年濟南大饑殍殍縣相說

至正七年山東地震聲如雷

至正二十六年大清河決

明

成化十年濟南大稔斗米七錢

正德六年流賊攻掠山東歷縣經過麻姑堂

正德七年縣青兒老幼聲如雷以　耳鳴

嘉靖七年大蝗

隆慶五年五月大風雨壞屋拔木飄麥

萬曆十四年丙戌春隕霜草民饑

萬曆十五年丁亥蝗蝻生大饑

萬曆十八年庚寅三月初三大風晝晦

萬曆十九年三月二十六日清明大雪二尺

萬曆二十六年戊戌饑

萬曆三十一年癸卯河水大漲浸城

萬曆三十五年丁未淫雨水淹城四十日害稼

萬曆三十九年辛亥大旱秋蝗蝻生大饑

萬曆四十一年癸丑十月朔天鼓鳴聲如雷

萬曆四十三年乙卯麥熟夏大旱六月谷甚貴盜大

起八月八日隕霜

萬曆四十四年丙辰六月初九日河北大盜劉士春

等十七人拒濟陽捕代捕倉官王納言躍馬驅之

盜大呼急擊王納言刺死水中報上

萬曆四十五年丁巳夏大旱六月二十一日蝗大至

蔽天數日禾盡傷秋七月蝻復生

萬曆四十八年地震地裂廣尺深不可測

天啟元年旱蝗

天啟二年二月地震

天啟七年淫雨害稼遍地洪波

崇禎十一年夏蝗夕時有赤氣如火亘天凡三月

崇禎十三年大饑人相食

崇禎十四年冬桃李實

崇禎十七年三月丙午大風霾晦

大濤

順治三年夏大雨冰

順治四年夏秋大雨水災蠲免

順治七年九月黃河決淹没四鄉

順治八年秋黃河決大雨禾盡没

順治九年夏大雨黃河決

順治十一年黃河決秋禾無望

順治十二年夏大旱斗米銀貳錢

順治十三年歲歉民饑

順治十四年歲歉

康熙三年四月二十三日霜隕麥盡枯

康熙四年大旱錢糧全免已完者流抵五年巡撫周有德題

康熙六年旱災錢糧免十分之二

康熙七年六月十七日地震聲如雷地裂屋傾免錢糧十分之三

康熙九年旱蝗災免錢糧十分之二

康熙十八年大旱蝗蝻生免錢糧十分之二

康熙十九年復旱

康熙二十年夏旱

康熙二十一年春旱秋大雨小清河水溢淹沒禾稼

康熙二十二年麥收秋饑流亡盡復

康熙二十三年夏麥熟秋雨多禾稼無害

康熙二十四年[illegible]嘉穀一莖五穗

安東縣志卷之一終

【民國】齊東縣志

梁中權修　于清泮纂

民國二十四年(1935)鉛印本

災祥

元

大德十年山東饑尚書武鼎來賑

至治三年淫雨害稼

泰定二年六月蝗

三年濟南大饑免郡縣租稅

至正七年年地震聲如雷

二十六年大清河決

明

成化十年濟南大稔斗米七錢

正德七年黑眚見老幼擊銅器以自衛

濟南山東印刷局代印

嘉靖七年蝗

隆慶五年五月大風雨壞屋拔木漂麥

萬曆十四年春隕霜旱

十五年蝣蛃生大饑

三十一年河水大漲浸城

三十五年淫雨水圍城四十日

三十九年大旱蝣蛃生大饑

四十三年夏大旱穀貴盜大起

四十五年夏大旱飛蝗散天食禾淨盡秋七月蝻生

濟南山東印刷局承印

四十八年地震地裂廣尺深不可測

天啓元年旱蝗

二年二月地震

七年淫雨害稼

崇禎十一年夏蝗夕時有金氣如火亘天凡三月

十三年大饑人相食

十四年冬桃李實

十七年三月大風晝晦

清

濟南山東印刷局承印

順治三年夏大雨水

四年夏秋大雨水蠲免田賦

七年九月八年秋九年夏連歲黃河決

十一年黃河決

十二年夏大旱

十三年十四年歲歉

康熙三年四月二十三日隕霜禾麥盡枯

四年大旱田賦全免已完者流抵五年

六年旱田賦免十分之二

濟南山東印刷局承印

七年六月地震聲如雷地裂屋傾田賦免十分之三

九年旱蝗田賦免十分之二

十八年大旱蚜蚄生田賦免十分之二

十九年二十年連歲夏旱

二十一年春旱秋大雨小清河溢沒稼

二十二年二十三年二十四年連歲麥有秋

四十九年邑民牛謙居妻一產三男

雍正八年小清河決沒稼田賦蠲免

嘉慶五年（或云嘉慶十七年）四月十二日営家廟會場起火燒死數百人

濟南山東印刷局承印

八年黃河決平地水數尺田賦緩征

十九年七月蝗

道光元年水田賦蠲免

咸豐元年至四年皆苦雨連歲荒歉

五年六月河南銅瓦廂黃河溢歸大清河入海

五年至八年連歲壩河水溢知縣蘇名顯創築垻隄

同治六年八月垻河隄決水溢沒稼

七年七月雨水沒稼

光緒元二三年均大旱民饑樹皮草根採食殆盡

濟南山東印刷局承印

五年二月朔日食既六月十日大雨雹深半尺許大如雞卵

七年四月二十日大雨雹傷禾麥七月黃河決東碼頭上下村莊多被漂沒

八年至十二年連歲黃河決

十四年四月十三日地震有聲六七月淫雨連綿四十日八月瘟疫流行(俗名轉筋霍亂)死人無數

十五年黃河決

十七年蝗蝻生

十八年黃河決縣城漂沒僅存東南一隅

十九年四月二十三日大雨雹禾麥盡傷七月七日黃河決毀壞田廬無算

二十三年正月二十日黃河決

二十四年六月二十四日黃河決氾濫三月有餘全境被害小清河兩岸附近村莊尤甚

二十五年夏稍旱六月瘟疫流行九月天氣溫燠杜花重開

二十七年六月二十二日黃河決

二十八年五六月間霍亂症流行較十四年稍輕

三十二年十二月十一夜間大風雨滴水成冰樹株折傷無算

三十四年正月初四日巳時日套三環

宣統二年三月十九日隕霜麥枯越三日甘雨降麥生新苗夏麥頗有秋

中華民國

四年十一月八日夜地震

九年八月下旬飛蝗蔽天自西北而東南過境三日八月二十四日

雨雹大如拳秋禾一空

十年五月蝗蝻生害稼七八月間淫雨連綿月餘

十六年春旱至六月二十八日大雨七月七日又雨狂風大作晝夜

不止禾樹受傷無算

濟南山東印刷局承印

十八年六月蝗蝻生害稼

二十四年春旱至七月始雨

濟南一.泉印刷局承印

【咸豐】青州府志

（清）毛永柏修　（清）李圖、劉燿椿纂

清咸豐九年（1859）刻本

記　上

祥異記上

祥異之志源淵於洪範派流於史家天文五行之志所以徵休咎考得失以道民出治者也顧舊志多疎漏記星變則混其躔度書饑穰則昧其封畿虛危分野其屬星凡十九曰司命曰司祿曰司危曰司非曰哭曰泣曰天壘城曰離瑜曰敗臼曰虛梁曰天錢曰墳墓曰杵曰臼曰蓋屋曰造父曰人曰車府曰鉤舊志惟居時書墳墓一餘皆不錄而冒書室宿之天津羽林疎矣且古者天官之掌必重占

驗所以明天人之符列聖之大法也自漢劉向父子多異說後儒病之元明之史遂無星占夫記天變而無占與不記何異況日星之變有分野在齊而應不必於齊者有分野不屬齊而占在齊者漢書天文志甲乙海外日月不占丙丁江淮海岱戊己中州河濟庚辛華山以西壬癸常山以北一曰甲齊乙東夷丙楚丁南夷戊魏己韓庚秦辛西夷壬燕趙癸北夷子周丑翟寅趙卯鄭辰邯鄲巳衞午秦未中山申齊酉魯戌吳越亥燕代秦之疆候太白占狼弧吳楚之疆候熒惑占鳥衡燕齊之疆候辰星占虛危宋鄭之疆候歲星占房心晉之疆亦候辰星占參罰烏可泥而觀諸今采古史所載祥異兒虛危者而屬星之占亦必及焉若唐之河南道宋之京東路猶今之山東布政司也其二朝五行志統言河南京東者未必皆及青州故不備書而金元以

前史所稱山東殺半天下舊志顧屢書之若其時已有山東省者然於義不已悖乎皆削之非敢與前人異也要亦持之以慎焉耳矣

周莊王元年長狄榮如入齊師古曰在齊襄公二年王子成父獲之身橫九畝斷其首而載之眉見於軾左傳又漢志京房易傳曰君暴亂疾有道厥妖長狄入國又曰長狄生世主虜

十一年齊襄公田於貝邱見大豕射之豕人立而啼左傳襄公以是日見弑

惠王三年夏齊大災春秋公羊傳曰大災疫也漢志劉向以爲齊桓公好色聽女口以妾爲妻適庶數更故致大災

襄王四年春三月庚午朔日有食之（漢志劉歆以為三月齊衛分）

頃王六年秋七月有星孛入於北斗（見同上劉向以為北斗人君象孛星亂臣類星傳曰魁者貴人之牢一曰魁為齊晉左氏傳曰有星孛北斗周內史叔服曰不出七年宋齊晉之君皆將死亂）

敬王四年彗星在齊分（史記）

漢高帝三年冬十一月癸卯晦日食在虛三度（漢志後二年齊王韓信徙為楚王明年廢為列侯後又反誅）

惠帝七年春正月辛丑朔日食在危十三度（見同上谷永以為歲首正月朔日是謂三朝尊者惡之）

文帝元年夏四月齊地震山崩大水潰出（漢本紀齊楚地震二十九山同日崩大水潰出五行志不言山崩）

三年冬十二月丁本紀作癸卯晦日有食之在虛八度漢志

後五年夏六月齊雍城門外有狗生角見上京房易傳曰執政失下將害之厥妖狗生角君子苟免小人陷之厥妖狗生角

後七年秋九月有星孛於西方其本直尾箕末指虛危長丈餘及天漢十六日不見後三年吳楚四齊與趙七國舉兵反皆誅滅

冬十一月戊戌土水合於危見同上占曰為雍沮所當之國不可舉事用兵必受其殃

景帝元年春正月癸酉金水合於婺女見同上占曰為變謀為兵憂婺女粵也又為齊以婺女在齊分甚少故不備錄惟此占及齊故附焉

七年冬十一月庚寅晦日有食之在虛九度見同上

中三年冬十一月庚午夕金火合於虛相去一寸見同上占曰為

鑠爲喪虛齊也

昭帝始元中蓬星出西方天市東門行過河鼓入營室中凡六十日見同上案河鼓至營室徧歷虛危分野故錄之

元鳳三年春正月泰山萊蕪山南匈匈有數千人聲民視之有大石自立高丈五尺大四十八圍入地深八尺三石爲足石立處有白烏數千集其旁見同上京房易傳曰石立如人庶士爲天下雄立於山同姓平地異姓於水聖人於澤小人萊蕪故城在今博山

宣帝本始元年夏五月鳳凰集膠東千乘漢本紀

四年夏四月壬寅郡國四十九地震北海琅邪壞祖宗廟漢志

五月鳳凰集北海安邱淳于漢本紀

元帝初元元年夏六月關東大饑瑯邪郡人相食漢志

建昭二年冬齊地震漢本紀十一月齊大雪深五尺漢志

成帝建始四年秋河決館陶及東郡金隄泛濫及千乘通鑑

平帝元始二年郡國大旱蝗青州尤甚民流亡漢本紀通鑑同

光武建武二年春正月甲子朔日有食之在危八度續漢志

二十二年青州蝗後漢本紀

安帝永初四年夏四月青州蝗見同上

五年春正月庚辰朔日有食之在虛八度續漢志

元初三年冬十一月甲午客星見西方己亥在虛危見同上

四年夏六月樂安雹如杵殺人見同上

延光三年琅邪言黃龍見諸晉志

質帝本初元年夏五月海水溢樂安北海溺殺人物續漢志

桓帝永壽元年夏四月白烏見齊國後漢本紀

靈帝熹平二年夏六月北海海水溢漂沒人物冬十二月癸酉晦日有食之在虛二度續漢志

光和五年冬十月歲星熒惑太白三合於虛相去各五六寸如連珠見同上

六年冬大寒北海琅邪井冰厚尺餘見同上

魏明帝青龍三年春正月乙亥隕石於壽光魏志

景初二年冬十月癸巳客星見危逆行在離宮北騰蛇南

甲辰犯宗星己酉滅晉志占曰客星所出有兵喪虛危爲宗廟又爲墳墓客星近離宮則宮中將有大喪就先君於宗廟之象也

舊志云逆行在北宮騰蛇南案離宮星名凡六星兩兩相居室宿旁其星在騰蛇之南曰南曰北在離宮騰蛇間也舊志昧於漢人北宮之說顧易離宮爲北宮以冠騰蛇之文若北宮獨有騰蛇而虛危反非北宮者其謂之何

晉武帝泰始四年秋九月青州大水晉本紀

六年白龍二見於東莞見同上

咸寧元年秋九月甲子青州螟見同上

三年秋九月青州大水傷秋稼見同上

五年木連理生樂安臨濟宋志

太康二年春二月辛酉隕霜瑯邪傷麥壬申瑯邪雨雹傷麥夏五月丙戌瑯邪雹傷麥庚寅樂安齊國雨雹傷秋稼晉志

四年春三月戊申星孛於西南是年齊王攸任城王陵瑯邪王伷新都王該薨見同上案此卽中日主齊之說錄之以見一占

六年春三月戊辰齊郡臨淄隕霜傷桑麥及青州郡國旱見同上

八年夏四月齊國隕霜見同上

惠帝元康五年春三月癸巳臨淄有大蛇長十餘丈負二小蛇入城北門徑從市入漢城陽景王祠中不見晉志以為齊王冏叛禍之戒

永寧元年夏四月彗星見齊分晉志占曰齊有兵喪是年齊王冏起兵討趙王倫倫滅明年冏伏誅自夏及秋青州旱七月歲星守虛危占曰木守虛危有兵憂一曰守虛饑守危徭役墳多冬十二月甲子有白頭公入齊王冏大司馬府大呼曰大兵起不出甲子旬冏殺之見同上明年十二月戊辰冏敗斬甲子旬也

太安元年冬十一月熒惑太白鬭於虛危見同上占曰大兵起破軍殺將是年長沙王乂討齊王冏殺其兄上軍將軍寔以下二千餘人

光熙元年冬十二月甲申有白氣若虹中天北下至地夜見五日乃滅見同上占曰大兵起明年王彌起青徐桑汲亂河北此亦以日占分地之說

愍帝建興五年秋七月青州螽蝗晉書本紀

元帝太興元年秋八月冀青徐三州蝗食生草盡至於二年晉志

三年夏四月壬辰枉矢出虛危沒翼軫見同上占曰枉矢之所觸天下之所伐

穆帝永和十年夏四月癸亥流星大如斗色赤黃出織女沒造父有聲如雷見同上占曰燕齊有兵百姓流亡案自織女至造父歷元枵營室也故主齊燕

十二年冬十一月丁丑熒惑犯太微東藩上將星見同上是年齊

城陷執段龕殺三千餘人

升平二年冬十月己未太白犯哭星見同上

五年春正月乙丑辰時月在危宿奄太白見同上占曰天下靡散

孝武帝寧康二年春正月丁巳有星孛於女虛經氐角亢軫翼張見同上

太元元年秋九月熒惑犯哭泣星遂入羽林見同上占曰天子有哭泣事中軍兵起

四年冬十一月丁巳太白犯哭星見同上

十三年冬十一月戊子辰星入月在危見同上占曰賊臣欲殺主不出三年必有內惡是後慕容垂翟遼姚長苻登慕容永並阻兵爭疆

二十年秋九月有蓬星如粉絮東南行（一作行南）歷女虛至哭星（見同上占曰不出三年必有亂臣戮死於市）

二十一年夏六月歲星犯哭泣星（見同上占曰有哭泣事是年九月帝崩）

安帝隆安元年春正月癸亥熒惑犯哭泣星（見同上）

四年夏六月辛酉月犯哭泣星（見同上）

五年春三月甲寅流星赤色衆多西行經牽牛虛危天津閣道貫太微紫宮（見同上星庶人類衆多西行衆將西流之象經天子庭主弱臣強諸侯兵不制）

元興三年冬十月甲戌太白犯泣星（見同上）

義熙二年秋九月壬午熒惑犯哭星又犯泣星冬十二月丙午月奄太白在危（見同上占曰齊亡國五年四月劉裕大軍北討慕容超卒滅之）

三年春二月癸亥熒惑塡星太白辰星聚於奎婁從塡星北徐州分見同上是時慕容超僭號於齊兵連徐兗其五年劉裕北殄慕容超是年通鑑作四年

僞燕慕容超祀南郊將登壇有獸大如馬狀類鼠赤色集圜丘之側俄而不知所在須臾大風暴起天地晝昏行宮羽儀皆振裂又廣固地震天齊水湧井水溢女水竭河濟凍合而澠水不冰晉載記

五年冬十二月辛丑太白犯歲星在奎晉志占曰大兵起魯有兵是年劉裕討慕容超六年滅慕容超於魯

案瑯邪郡入奎六度諸城界瑯邪亦無幾故不備載奎婁星變此事占在慕容氏故與上熒惑塡星太白

辰星聚於奎婁條並錄非自亂其例也

六年夏五月壬申大風吹瑯邪射堂倒壞見同上

七年冬十一月丙子太白犯哭星見同上

八年秋八月戊申月犯泣星見同上

恭帝元熙元年秋七月己卯太白晝見是夜太白犯哭星

見同上

南宋高祖武帝永初三年春二月辛卯有星孛於虛危向

河津埽河鼓宋志占曰爲兵喪五月宮車晏駕明年遣軍救青州

文帝元嘉元年秋七月壬戌白燕集齊郡城遊翔庭宇經

九日乃去衆燕隨從無數己巳白雀見齊郡昌國見同上

四年夏五月辛酉甘露降齊郡西安臨朐城秋七月乙酉白雀見北海劇見同上

十一年夏五月丁丑齊郡西安宗顯獲白雀青州刺史段宏以獻見同上

十七年秋八月青州大水宋本紀

二十五年秋七月壬辰嘉禾生北海青冀二州刺史杜坦以獻宋志冬青州城南遠望見地中如冰有影謂之地鏡宋本紀

二十七年冬十月己丑嘉禾生北海青州刺史杜坦以聞宋志

三十年青州饑宋本紀

孝武帝孝建二年秋九月己丑嘉禾異畝同穎生齊郡廣饒縣宋志

大明元年秋八月甲申嘉禾生青州異根同穗見同上

三年冬十月太白犯哭星見同上占曰人主有哭泣聲白後六宮多喪

四年夏六月己卯白燕見平昌青州刺史劉道隆以獻冬十一月朔太白鎮星合於危見同上

六年秋八月辛未白兔見北海嘉禾生樂陵青冀二州刺史劉道隆以獻見同上

七年秋八月月入哭星中間見同上

前廢帝永光元年春正月庚申月在虛宿犯太白（見同上）

景和元年冬十一月丁未太白犯哭星（見同上）

明帝泰始三年春二月壬寅白鼠見樂安青州刺史沈文秀以獻（見同上）

魏高祖延興四年春正月青州獻白雀（魏志）

承明元年春三月獲白鹿於青州夏四月辛酉青州大風雹（見同上）

太和三年夏四月歲星在虛徘徊元枵之野（南齊以爲齊國有厚福爲受慶之符案南齊國非齊舊地安得與虛危分野其爲諛臣獻媚可知魏書雖失志仍繫之魏後凡天象在虛危見南齊書者倣此）

六年秋七月丁卯月蝕魏志如此南齊志作戊辰在危宿是月青州大水虸蚄害稼魏志

七年夏六月青州獻三足烏見同上王者慈孝天地則至冬十月丁卯太白犯哭星魏志失載見南齊志

八年夏六月青州虸蚄害稼魏志

九年夏四月青州隕霜見同上

十年夏六月丙戌有流星大如鴨卵從匏瓜南出至虛而入魏志失載見南齊志

十一年秋九月乙未熒惑從行在哭星東相去半寸魏志失載見南齊志

十二年春三月甲申歲星逆行入氐魏志甲申皆齊分也

十四年春三月庚申塡星守哭泣見同上占曰將以女君有哭泣之事九月太皇太后崩帝哭三日不絕聲勺飲不入口者七日

十五年春三月魏志再書三月必有一誤南齊志作二月壬午壬子歲星犯塡星在虛三月癸巳木火土三星合宿於虛甲午火土相犯魏志占曰其國亂專政丙外兵喪故立侯王秋七月庚戌塡星逆在泣星西東北七尺爲犯閏七月辛酉歲星在泣星北五寸爲犯又守塡星九月辛卯歲星在泣星西一尺五寸爲合宿冬十月甲午塡星從行在泣星西北五寸爲犯魏志失載見南齊志

十七年春正月戊辰金木合於危秋八月庚寅月犯哭星

冬十一月壬午月犯哭星魏志

十八年春正月丙戌辰星見危度在太白北一尺爲犯魏志

失載見南齊志

二十三年夏六月青州大水魏志

世宗景明元年夏六月青州大雨雹秋七月青州大水見同上

二年齊郡上言臨淄木連理見同上

正始二年夏六月癸酉有流星如五斗器起織女抵實而滅見同上案起織女抵實歷虛危全分

四年青州步屈蟲害棗花見同上

永平元年秋九月壬辰青州地震殷殷有聲冬十月甘露
降於青州益都縣見同上
二年春正月壬寅青州地震三月大雨霖見同上
五年夏五月青州步屈蟲害棗花秋八月虸蚄害稼三分
食二見同上
延昌二年夏六月青州饑見同上
三年夏四月青州饑是月有流星起天津東南流歷虛危
見同上
四年秋八月青州獻白雀見同上
肅宗熙平元年夏六月青州虸蚄害稼見同上

正光二年夏四月甲辰火土相犯於危冬十一月辛亥金土又相犯於危見同上

三年春三月青州上言平昌郡木連理見同上

東魏孝静天平四年春二月青州獻白雉見同上秋七月雹害苗稼隋志

武定四年春三月青州獻白雉魏志

八年春三月甲午歲鎮太白在虛熒惑又從而入之四星聚焉夏四月青州上言齊郡木連理見同上

已上四事皆在魏青州刺史元世儁以地降梁之後然世儁之附梁在梁大通二年即魏之建義永安也

此後魏有青州刺史李延賓爾朱弼十有餘人歷見於史又李靈傳普泰中崔祉客反於海岱攻圍青州詔李渾爲都官尚書東北道行臺赴援渾擒祉客斬首送洛陽普泰距永安已三年矣青州猶有祉客之圍梁固未得青州全境也故備書焉

北齊肅宗皇建三年夏四月丙子日有食之隋志子爲玄枵齊之分野

後主緯天統元年夏六月壬戌彗星見於文昌長數寸入文昌犯上將然後經紫微宮西垣入危漸長一丈餘指室壁後百餘日在虛危滅見同上占曰有大喪有亡國易政

四年秋七月孛星見房心白如粉絮大如斗東行八月入

天市漸長四丈犯匏瓜歷虛危入室犯離宮九月入奎至婁而滅見同上

五年夏五月甲午熒惑犯鬼積尸見同上甲齊也占曰大臣誅兵大起斧質用有大喪

周武帝保定二年冬十一月壬午熒惑犯歲星於危南周本紀

五年夏六月庚申彗星出三台經紫宮西垣入危漸長一丈餘指室壁後百餘日稍短至二尺五寸在虛危滅見同上

建德三年冬十一月丙子歲星與太白相犯光芒相及在危占曰其野兵入主凶失其城邑十二月庚寅月犯歲星在危相去二寸

隋志占曰其邦流亡不出三年

靜帝大象元年冬十月乙酉熒惑在虛與鎮星合見同上

隋文帝開皇十四年冬十一月癸未有彗星孛於虛危及奎婁齊魯之分野見同上

煬帝大業三年諸城大旱

五年齊諸郡饑隋志

唐太宗貞觀四年密州大有年

六年春正月乙卯日食在虛九度唐志

八年秋八月甲子有星孛於虛危見同上

高宗永徽六年秋密州水害稼冬十一月丙子淄州高苑

民吳成妻一產四男見同上占曰凡物反常則爲妖亦陰氣盛則母道壯也

上元三年秋八月青州大風海溢漂居民五千餘家見同上

中宗景龍元年冬十月丙寅太白熒惑合於虛危見同上

三年秋九月密州水害民居數百家見同上

元宗開元十二年冬閏十二月丙辰朔日有食之在虛初度見同上

十三年大有年青齊斗米五文錢粟三文錢

二十五年冬十一月青州日奏五色

二十八年冬十月青州慶雲見

天寶三載秋青州紫蟲食田有鳥食之唐志

十五載熒惑鎮星同在虛危中天芒角大動搖見同上占者以爲北方之宿子午相衝災在南方

代宗大曆八年冬閏十一月壬寅太白辰星合於危見同上

十四年冬十二月丙寅晦日食在危十二度見同上

德宗興元元年秋螟蝗自山而東際於海晦天蔽野草木葉皆盡見同上

貞元三年夏閏五月戊寅枉矢墜於虛危秋八月淄青節度李納獻毛龜見同上

四年夏鄆汴境內烏皆羣飛集淄青境各銜木柴爲城高二三尺方十里節度使李納惡而焚之信宿復然烏口皆

流血見同上

順宗永貞元年夏六月淄青蝗

憲宗元和二年春正月癸丑月犯太白於女虛唐志

十一年夏六月密州大風雨海溢毀城郭冬十二月甲午月犯鎮星在危鎮星太白辰星聚於危見同上

十二年春青州一夕暴風起西北天地晦暝空中若有旌旗之狀屋瓦如躁躁聲見同上有思者占之曰不及五年此地當大殺戮

十三年春淄青府署及城中烏鵲互取其雛各以哺子更相搏擊不能禁見同上

十四年夏四月淄青隕霜殺惡草及荆棘不害嘉穀見同上

穆宗長慶四年夏淄青螟蝗害稼

文宗泰和二年夏淄青齊州大水志〈唐〉

九年夏六月庚寅月奄歲星在危而暈冬十月庚辰月復

奄歲星在危〈同上見〉

開成元年春正月辛丑朔日食在虛三度〈同上見〉

二年春二月丙午有彗星於危長七尺餘西指南斗戊申

在危西南芒耀愈盛癸丑在虛辛酉長丈餘西行稍南指

夏六月淄青蝗秋八月丁酉有彗星於虛危〈同上見〉

四年秋淄青大雨水害稼及民廬舍〈同上見〉

五年夏淄青蝗螟害稼〈同上見〉占曰國多邪人朝無忠臣

居位食祿如蟲與民爭食故此年

宣宗大中八年春正月丙戌朔日食在危一度見同上

僖宗乾符四年秋七月有大流星如盂自虛危歷天市入羽林始滅見同上

昭宗乾寧三年冬十月有客星三一大二小在虛危間乍合乍離相隨東行狀如鬬經三日而二小星沒大星後沒見同上

天復二年鎮星守虛三年二月始去見同上

五代後唐莊宗同光二年冬十月青州蒲城縣人徐霸獲芝草兩莖嘉禾九穗刺史李紹岳畫圖以進

明宗天成元年秋八月青州進芝草

末帝淸泰元年冬十一月丁未彗出虛危掃天壘及哭星

五代史

後漢高祖乾祐元年秋七月青兗齊密皆言蝝生

宋太祖建隆元年夏六月乙未有大星色赤流虛東北宋志

二年秋八月戊申熒惑犯哭星見同上

乾德三年淄州河溢害高苑縣民田見同上

四年秋八月淄州淸河水溢壞高苑縣城溺數百家見同上

開寶二年青州水害秋苗見同上

六年秋淄青水傷田見同上

太宗太平興國七年春密州淄州旱夏四月密州水害稼見同上

九年秋八月淄州霖雨孝婦河漲溢壞官寺民田見同上

端拱二年秋九月乙巳鎮星與熒惑合於危冬十月密州獻芝草十一月壬辰歲星熒惑合於危見同上

淳化五年春正月密州獻芝四本枝葉扶疎見同上

至道元年秋七月癸丑有星出危色青白入羽林沒見同上

二年夏六月密州蝗生食苗秋閏七月密州獻芝二本見同上

眞宗景德元年春正月平盧軍營火焚民居廬舍甚衆見同

上

三年青州山水壞石橋見同上

大中祥符二年秋七月青州大水見同上

八年春二月青州武成王廟生芝之一本知州張知白以圖上見同上

天禧四年春二月庚申歲星犯輿鬼積薪又犯哭星見同上案鬼星中積尸氣積薪去鬼甚遠當是積尸之訛

乾興元年夏五月壬午星出危赤黃有尾迹迹行而東炸烈如迸火隨至羽林軍南没明燭地見同上

仁宗明道元年秋八月丙寅星出營室西南遠行至危没

見同上

景祐元年秋九月丁亥星出天津如太白青色有尾迹没於危上見同

寶元六年冬十一月甲戌填星與熒惑順行在危上見同

慶曆元年秋八月壬午夜熱氣起西南長七尺貫危宿羽林入濁至天津良久散上見同

四年夏六月庚子星出危如太白東南速行入濁

五年秋七月甲辰有星在奎如太白速行没於危

六年春二月戊寅青州地震宋志

皇祐元年春二月密州禾合穗者五本丁卯彗出虛晨見

東方西南指歷紫微至婁凡一百一十四日沒見同上

二年冬十二月密州禾十莖合一穗見同上奏十二月非禾生之時其獻諛不言可知

四年夏六月星出危如太白速行入濁見同上

嘉祐三年夏五月甲午星出河鼓如太白赤黃色東北緩行至虛沒秋九月癸丑有星出危如太白赤黃色明燭地見同上

四年夏六月乙亥星出墳墓至北落師門沒見同上

五年秋八月夜漏未上星出虛大如杯東南入濁見同上

六年秋七月乙酉星出騰蛇至危沒丙戌星出天津至危

沒尾迹赤黃見同上

七年秋七月星出羽林軍至北落師門沒己酉星出壁壘陣如太白向西速行至敗臼沒尾迹赤黃九月丁卯星出東壁大如杯至虛沒有尾迹赤黃明燭地見同上

八年春三月癸卯星出匏瓜東南至危沒赤黃有尾迹明燭地見同上

英宗治平元年夏六月辛酉夜漏未上星出河鼓東南速行至危沒見同上

神宗熙寧元年秋七月乙亥星出虛南如歲星西急行至天市垣西墻沒見同上

二年秋七月丁卯星出危南如太白西南急行至壘壁陣没見同上

四年夏六月辛巳星出造父西如太白東南慢流至天棓没青白有尾迹見同上

七年春二月壬申星出天棓北如杯東北緩行至造父没青白有尾迹照地明夏六月辛卯星出危西如太白西南急行至南斗没赤黄有尾迹見同上

八年夏六月戊戌星出天市垣齊星東如太白西南緩行至濁没赤黄有尾迹又星出齊星北如太白西南速行至天市垣内列肆没赤黄有尾迹秋九月丙寅星透雲出河

鼓北如太白東南徐行至危没赤黄見同上

九年夏六月戊子星出車府東如太白東南急行至濁没赤黄有尾迹乙巳星透雲出虚南如太白南急行入濁没己酉星出閣道南如太白急行至車府没赤黄有尾迹秋九月丁丑星出危西如太白南慢流至牽牛没青白有尾迹見同上

十年秋七月河決曹村灌郡縣四十有五合青州清河入於海見同上

元豐二年夏六月甲寅月犯泣西星庚子星出危東如杯東徐行至濁没青白有尾迹照地明秋九月丙子月犯泣

西星見同上
三年夏五月青州臨朐益都有蝗爲麪民取食之壬午月
犯虛梁西第一星六月己亥月犯泣西星秋八月甲辰月
犯虛梁九月辛未月犯泣西星見同上
四年冬十月辛酉月奄虛梁西第三星見同上
五年夏五月己亥月犯虛梁西第二星秋七月甲午月犯
虛梁西第二星冬十一月癸未月犯虛梁西第三星見同上
六年青州禾異畝同穎春二月壬申月犯虛梁西第三星
秋七月丙辰月犯虛梁西第一星九月辛亥月犯虛梁西
第二星庚申星出危如太白西南急行至牽牛沒赤黃有

尾迹上見同

七年夏六月丙戌夜蒼白雲起南方長二丈貫危室壁及

八魁丁亥夜蒼白雲起南方長二丈貫危室壁及八魁冬

十月青州芝生二十一本十一月乙卯星出虛南如杯西

南急行至濁没赤黃有尾迹青州天異畝同穎者十一見同

上

八年密州禾合穗或異畝同穎上見同

哲宗元祐元年夏五月壬申星出女北向東急流至虛東

没青白有尾迹明燭地秋七月丁巳星出墳墓東如太白

慢流至壁南没青白有尾迹明燭地上見同

四年秋九月青州禾合穗及有一本三穗者見同上

五年秋七月辛未星出危如太白東南急流至濁沒青白有尾迹明燭地冬十一月己未星出車府西如太白急流北至天津西南沒青白有尾迹明燭地見同上

七年春二月戊午星出敗瓜東南如太白急流至虛沒赤黃有尾迹明燭地見同上

紹聖二年春三月丁未星出危西如杯西急流至敗瓜南沒赤黃有尾迹青州禾合穗夏五月癸卯星出漸臺東如太白東北急流至八星南沒赤黃有尾迹明燭地見同上

三年秋七月乙卯透雲星出危南如太白急流至濁沒赤

黄有尾迹明燭地見同上

酉年夏五月甲戌星出入星東如太白向東急流至燭没

青白有尾迹明燭地秋七月戊午透雲星出匏瓜南如太

白向東急流至人星西南没赤黄有尾迹明燭地見同上

元符元年春二月甲辰月犯哭泣秋九月丙辰月犯虛梁

冬十二月戊寅月犯虛梁見同上

二年春二月己亥月犯虛梁西第一星夏四月甲午月犯

虛梁西第三星五月辛酉月犯虛梁西南第一星秋八月

癸未月犯虛梁西第一星冬十月乙巳月犯虛梁西第一

星見同上

徽宗崇寧元年秋九月丙戌月犯哭泣見同上

政和四年秋九月庚子星出墳墓如盂東南急流入羽林沒青白有尾迹照地明見同上

五年密州太守李文仲以芝圃三十萬本入貢芝圃彌滿山谷有一本數十葉層累高大衆色咸備見同上

高宗建炎二年秋九月癸卯密州進芝草五葉如人掌指色赤而澤見同上

史必尊正統方志則事以地繫前載魏高祖延興四年後五十一事其時青州已爲魏有而事又多出魏志故不以劉宋紀年趙宋自建炎後已失青州而宋

史獲書建炎四年冬十二月壬午太白與熒惑合於危紹興二年冬十一月甲子太白與熒惑合於危八年冬十一月丙午太白與塡星合於危十年冬十一月丁未太白與塡星合於危十六年冬十月庚寅彗星出西南危宿十七年秋八月乙未有星出虛宿慢流至貫索沒青白有尾迹照地明三十一年冬十二月辛丑夜白氣出斗宿歷女危至婁止約廣六丈類天漢東西亘天隆興元年秋八月戊辰辰星出虛宿赤黃色急流至斗宿沒二年夏六月乙卯飛星出造父急流入紫微垣內鈎陳大星東南沒青白色大如盞

星孝宗乾道元年冬十一月丙寅白氣出女[illegible][illegible]

危室壁奎婁胃入卯宿止淳熙六年冬十一月辛亥

熒惑與歲星合於危寧宗慶元四年秋八月甲戌熒

惑與塡星合於虛理宗紹定元年冬十月丁巳熒惑

與塡星合於危淳祐十年冬十二月戊戌太白與歲

星合於危景定三年夏四月庚子熒惑與塡星合於

危共十五事皆齊分野而金志不載故附於此

金章宗大定二十九年十二月滄州進白鶉白雉各一依金志書案世宗大定二十九年正月癸巳崩章宗卽位次年始稱明昌元年

宣宗興定五年夏六月戊寅日將出有氣如大道經丑未

歷虛危東西不見首尾移時沒同上見

元世祖中統四年夏六月益都蝗元志

至元二年秋七月益都大蝗同上見

八年夏六月益都蝗元本紀

十六年夏四月益都樂安縣朱五十家牛生犢兩頭四耳三尾色黄生即死元志

二十六年秋七月益都蝗元本紀

成宗大德二年春二月辛酉歲星熒惑太白聚危元志

五年夏六月益都府水同上見

七年夏五月益都蝗般陽益都等路蟲食麥同上見

八年夏四月臨朐蝗見同上

九年春三月益都隕霜殺桑見同上

十年夏四月益都民饑元本紀冬十一月壬申太陰犯虛元志

武宗至大元年夏四月高苑縣風雹五月益都諸郡蝝見同上

二年夏四月益都諸郡蝗見同上

仁宗延祐七年夏六月益都路蝗見同上

英宗至治元年夏六月己未太陰犯虛梁東第二星冬十一月丙子犯虛梁東第一星見同上

二年益都諸屬縣蝗元本紀

泰定帝泰定元年夏六月益都般陽等郡蝗元志

四年春二月萊蕪縣饑夏四月博興大旱蝗蝝遂起旦夕布滿田畝冬十二月博興臨淄蝗見同上

文宗天歷二年夏六月益都密州蝗見同上

三年春三月密州饑見同上

至順元年夏六月博興等州蝗見同上

二年春二月密州饑見同上

順帝元統二年夏四月益都水冬十一月萊蕪縣饑見同上

至元四年秋八月己酉密州安邱縣地震元志書至元元年益都蝗沂水日照蒙陰莒四縣饑今屬沂州府故不詳

五年秋九月益都密州饑見同上

六年春二月己酉太陰犯虛梁南第二星三月丙子太陰犯虛梁南第一星夏五月辛未太陰犯虛梁西第二星秋九月辛酉太陰犯虛梁北第一星冬十一月乙卯太陰犯虛梁西第一星十二月癸未太陰犯虛梁北第一星見同上

至正四年秋八月益都霖雨饑民有相食者見同上

六年春二月益都昌樂壽光三縣地震三月高苑地震見同上

七年春二月益都臨淄臨朐地震三月臨淄地又震見同上

八年春三月臨淄縣大旱秋八月己卯臨淄縣雨雹大如

杯盂野無青草赤地如赭（見同上）

十三年夏四月高苑縣雨雹傷麥禾及桑（見同上）

十七年冬十月辛巳流星如桃大色黃潤後離一尺又一小星相隨色赤尾迹通約長三尺餘起自危宿之東緩緩東行沒於畢宿之西

十八年春正月乙丑大風起西北益都土門萬歲碑仆而碎（元本紀）淄州諸縣大旱夏五月益都雨白氂（元志）

十九年夏五月臨朐縣雨雹害稼益都臨淄高苑博興州蝗食禾稼草木俱盡人相食（見同上）

二十年秋七月高苑縣大雨害稼臨朐壽光蝗（見同上）

二十二年春二月乙酉彗星見光芒約長尺餘色青白
在危七度二十分見同上舊志作長星見於虛危之間形如練長數十丈

二十三年夏六月庚戌星隕於臨朐縣龍山見同上

二十四年春正月益都縣井水溢秋密州安邱縣大雨同上

二十五年秋密州安邱淫雨害稼見同上

二十六年秋九月甲辰孛星測在虛初度見同上

二十七年夏五月益都大雷雨雹秋七月臨朐縣有龍見於龍山巨石重千觔浮空而起見同上

明太祖洪武五年夏六月蝗明志

十九年饑見同上

二十三年冬十一月諸城久雨傷麥十二月水縣志

二十五年春二月諸城饑見同上

二十六年冬十一月大水明志

惠帝建文四年冬十月諸城蝗縣志

成祖永樂元年秋八月安邱紅河決明志

十三年饑見同上

十四年壽光昌樂旱縣志

十八年秋九月諸城進龍馬民有牝馬牧於海濱一日雲霧晦冥有物蜿蜒與馬接產駒具龍文其色青蒼大饑明志

仁宗洪熙元年夏四月壽光昌樂安邱旱蝗縣志

宣宗宣德元年樂安城中有黑氣如死灰明志

三年諸城產龍馬舊志

英宗正統二年夏四月昌樂旱饑邑民劉蒿等出穀振濟縣志

六年夏蝗明志

七年夏四月昌樂蝗縣志

九年夏壽光昌樂安邱旱諸城大水縣志

十一年春諸城大饑縣志

十二年秋九月地震明志

十三年夏五月諸城蝗縣志

十四年夏蝗明志

景帝景泰二年夏六月丙子廢齊府火見同上

三年夏四月甲申五緯與歲星犯危見同上

七年壽光昌樂諸城大水縣志

英宗天順元年春壽光昌樂諸城大饑縣志大雨閱月禾盡沒明志通府境言不載何月

二年夏四月蝗明志

三年夏六月甲申大星赤光曲曲如虵流危宿

四年夏旱舊志

五年冬十一月甲子太白熒惑合於虛見同上

六年夏四月昌樂旱縣志

七年青州自正月不雨至於四月明志

八年春二月丙午歲星填星太白聚於危見同上

九年昌樂大饑縣志

二十年昌樂大旱見同上

二十二年冬昌樂大饑見同上

憲宗成化六年夏五月諸城饑縣志六月甲子月犯泣星秋

八月水

七年春安邱饑縣志秋九月大風雨海溢害田廬人畜無算

九年春三月晝晦酉末方霽是歲大饑舊志

十六年饑

二十年白烏集於樂安舊志

二十一年饑樂安尤甚

二十二年安邱大饑縣志

孝宗弘治三年冬十一月戊戌彗星見天津南指東北犯入星歷杵臼明志

五年春旱大饑舊志夏四月安邱雹大如酒盃傷畜禾稼明志

七年秋七月壬寅月犯泣星九月有龍鬬於益都陽水漂沒人物舊志冬十二月丙寅有客星見天江旁徐行近斗至

八年正月庚戌入危明志

十一年昌樂大旱縣志

十二年夏五月昌樂大雨雹秋九月地震見同上

十三年夏四月甲午彗星見壘壁陣上入室壁間漸長三尺餘指離宮墦造父明志

十八年夏六月諸城大雨雹縣南古城雹積如陵數日不消舊志

武宗正德元年夏五月壬戌雷震府城衣甲庫獸吻有火起庫中明志

二年冬十二月大雪數尺舊志

六年元旦諸城大霧迷日著樹凝結如瓊花數日消見同上

冬濟水冰合百里厚數尺樂安志

八年秋諸城大雨濰扶淇二水入城門壞廬舍無算冬益

都竊駝村淳于髡冢中有聲如牛自申至酉乃止舊志

九年安邱諸城多麋入捕食之見同上

十二年秋九月地震明志

十三年諸城大水無禾縣志

世宗嘉靖二年春正月壽光安邱諸城大風晝晦不辨物

色樹間搏擊有火夏昌樂旱縣志

三年春昌樂地震縣志

四年臨朐大饑采訪

六年冬諸城大寒民多凍死縣志

七年昌樂安邱諸城蝗大饑人相食大疫夏五月大雨雹俱縣志

臨朐大旱采訪

八年夏昌樂旱蝗縣志

十一年安邱大蝗縣志

十二年蝗禾稼殆盡冬十月夜星隕如雨舊志

十三年益都蝗見同上

十五年夏昌樂安邱蝗縣志

十七年春正月夜府城自火梁普及其妻郇氏皆死舊志昌

衆安邱諸城大水縣志

十八年春安邱諸城大饑昌樂諸城大水縣志

十九年春昌樂安邱大疫縣志

二十一年冬十一月安邱大雷雨縣志

二十三年夏五月諸城大雨雹舊志

二十四年夏六月大雨府城大水傷人見同上

二十五年秋八月昌樂雨雹如雞卵傷禾博興雨雹壞民廬舍安邱龍馬生縣志

二十七年秋八月益都諸城地震舊志

三十一年夏五月昌樂大雨雹縣志秋七月大水安邱尤甚

冬大寒無麥舊志

三十三年夏四月諸城大雨雹縣志

三十七年昌樂安邱蝗蝻生縣志

三十八年夏昌樂安邱大旱蝗冬疫縣志

三十九年秋七月蝻自西北來所過田禾一空舊志

四十年安邱芝草生縣志

四十一年秋八月己未大風拔樹朐志安邱芝草生縣志

四十二年安邱大疫見同上

四十四年春昌樂大風寒夏四月大蝗縣志臨朐大水采訪樂

安耿氏雌雞化爲雄縣志

穆宗隆慶元年春正月樂安獲白鹿三兒同上

二年春正月諸城大雨雹旱秋七月益都壽光諸城大水頃刻深丈餘湮沒人畜無算舊志

三年夏五月昌樂安邱蝗秋七月大水諸城大雨禾盡沒舊志

四年春壽光昌樂安邱大饑縣志二月樂安地震秋大水饑舊志

五年冬十月昌樂水縣志

六年諸城大饑縣志

神宗萬曆二年夏四月昌樂安邱大雨雹秋七月大水冬

十一月諸城大雨雪縣志

四年夏四月博興大雨雹如拳如卵明日又如之擊死男婦五十餘人牛馬無算禾黍毀盡明志五月益都黑風自西北來晝晦拔樹發屋舊志秋大水霪雨連日平地水三尺縣志

六年冬十一月昌樂安邱大雨雪縣志

七年夏四月諸城大霜殺麥秋七月大水百里田廬盡沒舊志

九年夏昌樂大雨雹冬安邱疫俱縣志十二月癸巳太白與填星相犯入危明志

十年夏六月昌樂安邱蝗縣志冬十月臨朐地震采訪

十一年夏六月昌樂安邱諸城大蝗冬十一月安邱地震縣志

十二年春諸城地震縣志

十三年秋八月安邱芝草生縣志

十五年秋七月昌樂旱八月諸城隕霜殺禾及蔬縣志

十七年夏五月安邱麥秀五歧縣志

十八年秋八月諸城雨雹縣志是年府署東亭內產紫芝一莖舊志

十九年夏四月壽光大雨雹縣志

二十年夏四月壽光大寒民有凍死者秋八月諸城大霜

殺禾縣志冬十月昌樂安邱諸城麥秀桃李復華舊志

二十一年春諸城大旱夏四月昌樂安邱大寒有凍死者

秋大水六月至八月諸城霪雨無禾三縣皆大饑縣志

二十二年益都壽光昌樂諸城安邱臨朐大饑縣志

二十三年夏五月昌樂安邱大疫縣志

二十五年春正月昌樂安邱大風晝晦縣志秋八月臨淄濠

水忽漲南北相向而鬭又夏莊大灣潮忽起聚散不恒聚

則丈餘開則見底樂安小清河逆流明志諸城水溢縣志

二十九年夏昌樂旱安邱大水縣志

三十年諸城縣民王虎妻一産三男舊志

三十一年夏五月諸城大雨雹縣志

三十二年春諸城旱見同上

三十三年夏五月樂安昌樂安邱大蝗秋蝻生舊志

三十四年冬十一月庚辰熒惑掩歲星於危明志

三十五年春壽光昌樂安邱諸城大旱饑縣志臨淄大有年

高苑饑舊志

三十七年高苑程尚勤家產牛雙頭二口四目三耳兩鼻四足見同上

三十八年大旱明志府文廟東楹產芝之一本舊志冬十一月辛亥太白犯填星於虛明志

四十年秋安邱大水縣志

四十一年秋七月益都霪雨數十日昌樂安邱諸城大水壞官民房無算壽光樂安海潮一百二十里害民田産無算舊志八月青州大風拔樹傾城屋明志冬十月桃李華舊志

四十二年秋樂安安邱諸城大水冬十二月益都地震縣志

四十三年春安邱有訛言於七里河縣志是年府屬大饑人相食舊志

四十四年春樂安壽光昌樂安邱諸城大饑疫秋安邱穀秀雙岐縣志是年府城南廣福寺白鵲生舊志

四十五年秋臨淄樂安壽光昌樂安邱諸城大蝗奉檄捕蝗三百

石淮給備學生員八月昌樂安邱大雨雹縣志安邱青河村青白二龍鬬明志

四十八年夏五月安邱龍鬬於清河秋八月樂安壽光昌樂安邱大雨雹縣志

熹宗天啟元年冬十月臨淄樂安壽光昌樂安邱地震舊志

三年春二月臨朐雹秋七月昌樂安邱大蝗縣志益都雨雹舊志

四年諸城饑秋博興雹雨壞官民廬舍縣志

六年夏諸城旱蝗秋臨淄樂安大水蝻生舊志

七年益都大水淹沒民居舊志安邱芝草生縣志

懷宗崇禎二年夏樂安大旱秋樂安壽光昌樂大水縣志

三年春臨朐恒霧日無光益都壽光昌樂蝗害稼舊志

四年臨朐大水沒地無算縣志

五年益都臨朐恒雨傷稼博興暴水三晝夜田禾盡沒夏

五月臨朐崔府君廟鐘自鳴舊志

六年春三月臨朐夜有兩鬼對哭縣門直宿者擊之而滅

是年樂安雨黑粟如蕎麥可食采訪秋八月安邱芝草生縣志

七年春正月朔益都臨朐昌樂安邱雷雨已而大雪夏三

縣皆蝗秋七月安邱大水八月芝草生縣志

八年臨朐逢山石鼓鳴聲隆隆如雷縣志

九年益都顏神鎮產芝二一本秋七月蝗大饑斗粟千錢疫癘大作八月大風雨雹大如李實臨朐大如馬首傷禾安邱冬燠舊志

十年安邱諸城大蝗冬十月臨朐地震縣志

十一年夏四月臨朐隕霜殺麥草木如冬夏六月昌樂安邱諸城大旱蝗冬十二月臨朐恒霪縣志

十二年春正月益都蝗大饑夏六月臨朐諸城旱蝗秋七月臨朐蝗冬十月安邱雷大風害麥臨朐自七月至十月不雨諸城潍水斷流縣志

十三年旱明志大饑人相食益都盜蜂起舊志冬十月安邱雷

十四年春三月臨朐大風霾自五月至六月不雨縣志益都臨朐秋七月至於十月恒雨冬無雪臨淄碩鼠見於城南十里鋪首尾長三尺是年益都大疫舊志

十五年夏四月臨朐恒風霾縣志

十六年春三月諸城濰淯扶淇三水忽竭逾日如故縣志是歲益都淄水上有狼行五六成羣府城前司街羣鬼夜哭出東門舊志諸城孫復元家牝馬生三卯明年春三月益都博興壽光昌樂臨朐安邱大風晝晦縣志

博興縣民金節百有三歲知縣翁兆雲表其門縣志載崇禎間失年

青州府志卷六十三上

記一下

祥異記下

國朝順治三年秋臨淄大水縣志樂安水縣志失時

四年益都旱蝗縣志秋樂安壽光昌樂安邱大水

舊志是年載樂安大水陰雨四十日不止而失其時壽光志亦云大水時亦不載案壽光志大水下注霪雨四十日昌樂志秋大水注亦云霪雨四十餘日安邱續志增本七月大水注霪雨連綿事在一年亦正相類以昌樂安邱二志揆之則樂安壽光之水亦秋

也

五年夏益都霪雨大水舊志臨朐六月至秋七月恒雨縣志

六年夏五月安邱龍見於雲中雷斃二人縣志注云孟哥莊翟姓二人一翟法一其伯也

七年春臨朐恒暘秋七月安邱大水縣志

八年高苑水縣志昌樂龍見於文昌閣舊志皆失時夏六月安邱土山地裂袤二丈餘廣二尺餘深不可測翼日乃合續縣志原本增本無

九年夏壽光昌樂安邱大水秋臨淄大水縣志高苑大水博興大雨如傾四十七晝夜衆川皆溢縣志皆失時

十年冬昌樂安邱大雨雪縣志

十一年春臨淄樂安大雨雹冬十月安邱見龍禾若裂然

諸城大雪縣志

臨淄雨雹記載失時以與樂安接壤或亦同時被災

故皆繫於春仍存疑

十二年春壽光昌樂安邱糴湧貴昌樂有秋冬諸城大雨

雪縣志

十三年壽光大饑安邱有秋冬十月安邱大雨震電縣志

十四年春夏諸城大旱無麥禾秋安邱大水縣志

十五年夏昌樂安邱大旱縣志

十六年秋昌樂安邱大水縣志

十七年夏昌樂安邱旱縣志

康熙三年夏四月益都博興高苑隕霜殺麥縣志

四年春夏益都臨淄博興樂安壽光昌樂臨朐安邱大旱

五月安邱大風拔木縣志

五年春益都樂安壽光昌樂旱秋八月昌樂地震縣志

六年春壽光海溢夏臨淄大雨雹博興蝗秋臨淄大水樂安大雨淄水溢至城東門壽光大雨雹縣志

七年夏四月益都冷雨人多凍死樂安海溢六月地震有聲如雷屋宇傾圮人畜死傷無算益都壽光臨朐安邱諸

城尤甚數月不止舊志縣志

八年春正月安邱地震二月地復震秋七月芝草生九月地復震縣志

九年春閏二月益都地震在顏神鎮見博山志夏安邱大旱秋臨朐旱冬益都壽光昌樂安邱諸城太寒人多凍死縣志是年博興亦旱縣志失時

十年春正月安邱地震秋八月地復震縣志

十一年夏四月樂安隕霜殺麥安邱地震五月安邱大雨雹秋八月安邱地復震縣志是年十一縣皆有蝗益都臨淄高苑不爲災益都虸蚄害稼舊志臨朐自九月不雨縣志

十二年臨朐秋七月始雨縣志

十三年春三月高苑大雪夏四月壽光隕霜殺麥六月安邱大旱縣志是年樂安蝗縣志失時

十四年夏四月昌樂安邱隕霜殺麥縣志

十五年大有年斗粟十八錢舊志

十六年秋七月安邱大水縣志

十七年夏六月蚩鼠生大旱舊志秋諸城海溢四十五里縣志

案山海經東山經栒狀之山有鳥焉其狀如雞而鼠毛其名曰蚩鼠見則其邑大旱是年見安邱西山中土人有捕獲者續安邱志增本詳之府境皆大旱舊

志載之縣志多不及也

十八年春大饑舊志

十九年有年舊志

二十年春安邱旱夏五月安邱大雨雹樂安有秋縣志

二十一年樂安大水縣志失時

二十三年樂安大水縣志失時秋壽光昌樂霪雨害稼縣志

二十五年夏六月霪雨府境衆川皆溢益都萬年橋壞舊志

二十八年夏六月蝗秋七月蝻生舊志

二十九年饑舊志

三十年夏六月蝗舊志

三十一年春正月朔大風霾舊志

三十二年春二月壽光海溢六十里壞田廬鬻人畜無算舊志縣志

三十三年高苑樂安蝗縣志失時

三十四年冬昌樂無雪縣志

三十五年夏五月大雨雹殺人舊志樂安大水縣志失時冬壽光無雪縣志

三十六年春閏三月安邱大旱冬壽光大疫縣志是年大雨雹儀高苑壽光昌樂饑縣志皆失時饑或統一年言雨雹則必有時也

十七年春壽光昌樂疫夏四月壽光麥秀兩岐縣志

三十八年春大風壞民舍二日止（舊志）安邱大有年（縣志）

四十年夏六月昌樂諸城大雨水秋壽光大水（縣志）

四十一年夏霪雨（舊志）樂安雨雹傷麥（縣志）

四十二年春二月霪雨（舊志）樂安安邱饑（樂安縣志安邱新志乘韋）

四十三年春大饑斗粟千錢（舊志本昌樂志安邱新志乘韋諸城志皆云米不甚貴而錢難用民多攜錢不得食以死）秋大疫（舊志）

四十四年夏五月大風晝晦（舊志）高苑壽光安邱大有年安邱斗粟二十錢（二縣志安邱新志乘韋）

四十五年樂安大有年（縣志）

四十六年夏四月昌樂隕霜殺麥越八日麥生如初大穫

縣志

四十七年樂安蝗縣志失時夏六月大旱張敦仁臨朐編年錄

四十八年夏六月博興壽光蝗縣志秋七月蝻生舊志

五十年夏五月安邱諸城大風拔木瓦石皆飛晝晦安邱新志乘章諸城縣志

五十一年壽光進瑞穀縣志失時

五十四年夏壽光大水進瑞穀縣志博興小清水決舊志失時諸城李射斗百歲旌縣志

案舊志是年載大水似統府境而言然壽光之外各縣志皆無之未必皆失載也疑有誤

五十五年春三月壽光臨朐八風晝晦壽光縣志臨朐編年錄樂安

大水縣志失時

五十七年夏六月博興蝗不爲災縣志

五十八年秋七月昌樂諸城霪雨害稼縣志

舊志七月大雨田禾淹沒當亦統府境而言案縣志

昌樂諸城外皆不載疑有誤

五十九年秋臨朐大旱編年錄

六十年春旱無麥舊志夏博興旱縣志安邱濰水竭四月二十七日大

雨雹四月六月皆有之新志乘韋

六十一年春壽光饑樂安昌樂臨朐諸城旱縣志夏五月安

邱大雨雹新志乘韋

雍正元年春臨朐饑三月風霾編年錄夏四月高苑大風晝

晦縣志樂安大旱臨朐無麥旱秋八月臨朐蝗樂安縣志臨朐編年錄

二年夏四月益都大風晝晦博山縣志壽光大雨雹縣志臨朐蝗

編年錄昌樂安邱諸城有秋[illegible]縣志安[illegible]新志乘章

三年夏四月臨朐大旱秋蚜蚄害稼編年錄

四年春壽光旱夏四月高苑大風樹盡偃縣志

六年壽光海溢縣志失時

八年夏秋益都博興高苑樂安壽光昌樂臨朐諸城大雨

[illegible]縣志八月臨朐地震編年錄

是年之水益都見博山志臨淄無考安邱新志乘北

亦不載縣志亦未能據免姑闕疑

九年夏高苑二麥大稔樂安大水失時秋壽光大水縣志安邱

有秋新志彙纂

十一年春三月穀雨後益都大雪博山縣志

案十一年未分置博山縣縣志所載仍益都事也其

十一年前事故皆書益都

十三年春安邱饑壽光安邱諸城有秋二縣縣志安邱新志彙纂

乾隆二年博山大旱高苑無麥縣志

七年秋七月安邱濰水溢六七里人畜有死傷者新志彙纂

八年春高苑大旱無麥六月始雨縣志

九年夏高苑大雨雹損麥縣志

十年壽光有秋縣志

十一年夏博山無麥壽光霪雨巨浸水溢害稼秋諸城霪雨無禾縣志

十二年博山高苑昌樂安邱諸城饑四縣縣志安邱新志乘韋壽光縣民王光業年百歲旌縣志

十三年博山高苑昌樂安邱諸城大饑四縣縣志安邱新志乘韋夏壽光大水諸城蝗縣志

高苑志書蠲免錢糧而不書饑故記載之疎今類書

之

十四年春三月高苑大雹深尺許（縣志）安邱諸城饑（安邱新志乘韋諸城縣志）秋壽光海溢（縣志）安邱有秋（新志乘韋）

十六年秋高苑無禾壽光大水諸城蝗（縣志諸城失時）

十七年夏諸城旱（縣志）

十八年秋壽光海溢諸城大風損禾（縣志）

十九年高苑大水（失時）秋壽光嘉禾生（縣志）

二十年壽光海潮爲災（失時）秋七月昌樂諸城大風拔木（縣志）

二十一年秋壽光水（縣志）樂安縣民成僕斗年逾百歲旌

二十四年臨淄武舉王玉林妻古州總兵友詢之母謝氏

臣百歲

詔旌其門秋壽光虸蚄生諸城大風傷禾壽光諸城縣志

二十九年夏六月安邱蝗新志乘韋

三十年秋七月諸城大水縣志

三十三年春二月安邱大風損麥新志乘韋夏昌樂虸蚄生縣志

三十五年秋八月壽光大風雨海溢傷民畜無算縣志

三十六年夏四月安邱異風五月安邱大水新志乘韋博興水失時秋壽光大水傷禾縣志

三十七年博興縣民蓋祥臣王哲臣百歲旌縣志

二十八年壽光大旱縣志

三十九年春諸城縣民郭榮妻一產三男壽光蝗海潮爲
災縣志壽光失時秋七月安邱大蝗新志乘韋
四十一年春二月安邱大風蔽日樹有火光新志乘韋
四十二年夏五月諸城雨雹縣志
四十三年春三月安邱龍見於濰諸城旱安邱新志乘韋諸城縣志壽
光海溢毚居民無算失時夏昌樂無麥縣志
四十四年春安邱旱新志乘韋
四十六年博興水縣志失時夏五月安邱霪雨汶水溢月餘始息新志
乘韋秋壽光大水縣志
四十七年秋八月壽光海潮溢百餘里昌樂大雨水壞民

廬舍縣志

四十八年春安邱饑新志乘韋

五十年春夏壽光昌樂安邱諸城大旱饑三縣縣志安邱新志乘韋秋博興旱縣民趙之曾梁安進王文煜年百歲旌縣志

五十一年春大饑博興壽光昌樂諸城縣志安邱新志乘韋餘采訪夏昌樂麥大穫有秋安邱麥大穫諸城有秋二縣縣志安邱新志乘韋

五十二年博興旱縣志失時安邱有年新志乘韋

五十四年夏四月昌樂隕霜殺麥六月諸城雨雹縣志

五十五年春三月壽光十二日安邱二十九日諸城隕霜殺麥壽光安邱麥復生不為災二縣縣志安邱新志乘韋壽光李椿百歲旌縣志

五十七年壽光大雨雹失時縣民隋長祥百有二歲旌昌樂

縣民張子敬五世同堂旌

五十八年壽光海溢縣志失時秋九月安邱蝗生有鳥食之不

爲災新志乘章冬十二月諸城濰水溢縣志

五十九年壽光旱縣志

六十年春壽光昌樂諸城大旱秋壽光昌樂安邱諸城蝗

蝻害稼三縣縣志安邱新志乘章

嘉慶元年春二月諸城地震縣志臨淄大水失時有年秋八月

安邱諸城大雨水安邱新志乘章諸城縣志冬十月諸城大雨雪博興

縣民劉炳悅張茂惠百歲旌縣志

二年春正月諸城大風縣志三月安邱濰水溢新志乘韋諸城縣民王立妻張氏一產三男縣志

三年諸城原任鴻臚寺卿劉壿五世同堂旌冬十月地震縣志

四年博興縣民張維慶妻一產三男縣志

六年夏五月博興大雨雹壞官民廨舍縣志

七年秋八月諸城蝗冬十一月地震縣志

八年春三月諸城蝗夏五月大雨雹縣志臨淄縣民王氏婦失其夫名一產四男

九年博興大水縣志失時

十年博興蝻生縣志太時夏五月諸城雨雹秋昌樂旱蝗[illegible]

蝗縣志

十二年春二月諸城大風晝晦屋瓦皆飛傷人甚衆縣民

王授堯妻崔氏一產三男縣志

十五年春諸城旱秋大雨縣志

十六年春諸城旱閏三月雨雹秋旱縣志

十七年春諸城安邱饑夏博興雨雹博興縣志諸城縣志

十八年春諸城饑益都縣民梁氏子失名縣長一丈有奇

十九年夏博興蝗縣民李敬思妻一產三男縣志

二十二年博興旱縣志

二十三年春二月諸城大疫博興水蝗失時縣民孫在興妻產三男縣志

二十四年冬十二月諸城大雨縣志

二十五年春三月諸城雨雹博興大水縣志博興失時

道光元年夏大疫至秋八月乃差博興大水蝗失時五月諸城大雨雹

三年諸城大有年縣志

五年博興旱蝗縣志失時

六年春諸城旱縣志

七年春諸城饑縣志

八年博興水失時秋七月諸城大水縣志

九年冬十月地震屋宇傾圮人多露處忽動忽止者累月

臨朐尤甚

十年諸城大有年縣志

十二年博興大旱縣志夏四月諸城隕霜殺麥五月雨雹秋

八月霪雨縣志

十三年春諸城饑大疫縣志

十四年博興旱縣志夏四月臨淄隕霜不殺麥大熟諸城雨

雹傷麥諸城縣志

十五年春諸城饑夏五月博興旱縣志安邱飛蝶蔽天橫可

四五里耕城上過西而北不知所止亦多墮地死者秋七月博興蝗博興縣志安邱大雨水

十六年春饑夏疫

十八年夏六月益都臨淄大雨水益都南陽水與萬年橋平漂沒居民村舍人畜甚衆博興旱蝗博興縣志失時

十九年博興大雨水失時縣民馬玉珂百有二歲旌縣志

二十一年春正月大風雪塗人多凍死者安邱孝子王友射露宿其母墓側鄉人呼之不去獨不死博興縣民劉天申百歲旌博興縣志

二十五年春二月樂安海溢漂沒居民廬舍無算夏四月安邱大雨雹有三日未消者損麥

【光緒】益都縣圖志

（清）張承燮修　（清）法偉堂等纂

清光緒三十三年（1907）刻本

益都縣大事志　志一　圖志卷五

大事志上

史家有大事紀大事表類取古今之事編年紀月約舉靡遺法至善也今之邑乘體例稍殊曰表曰紀又不若志之爲得矣邑自晉祚中衰羯胡雲擾廣固東陽閒亦多事矣至趙宋末運李全父子以青州爲窟巢其禍尤烈披讀舊志紀載多疏則限於體例不足以包舉之也兹編由漢魏迄

本朝凡兵戎饑荒於本邑攸關者錄之間有舛譌略加辨正城廟之修築職官之建置志乘之纂修亦以類附焉災祥不再見以此志已具也 補

漢武帝元封五年初置青州刺史治廣縣 據水經注

昭帝始元二年秋八月齊孝王孫劉澤謀反欲殺刺史雋不疑發覺伏誅武帝崩燕王旦與澤等謀反澤欲發兵臨菑殺不疑會瓶侯成知澤等謀以告不疑不疑收捕澤等以聞皆伏誅遷不疑爲京兆尹

元帝竟寧元年夏四月封菑川孝王子便爲廣侯

平帝元始二年夏郡國大旱蝗州境尤甚遣使者捕蝗民捕蝗詣吏以石㪷受錢案此時青州治廣縣故事之繫於州者例得書東漢後州郡並治臨菑則但錄其繫於一縣者餘皆從略

世祖光武帝建武元年冬十月耿弇大破張步于鉅昧水步自建武初起琅琊至是據琅琊城陽膠東高密東萊北海千乘齊濟南平原菑川泰安十二郡之地建都於劇既敗奔於平壽尋降齊地悉定案步自臨淄奔劇所經之鉅昧水正縣境也故書

晉懷帝永嘉元年春二月東萊王彌起兵反寇州城惠帝末東萊惤

令劉伯根反彌帥家僮從之及伯根誅彌亡入長廣山爲盜至是自稱征東大將軍攻殺二千石東萊鞠羨爲本郡太守討彌彌擊殺之

二年春三月王彌復來寇彌所過攻陷郡縣遂至洛陽爲官軍所敗降於劉淵淵以爲司隸校尉尋進侍中都督青徐兗豫荊揚六州軍事征東大將軍青州牧

四年王彌遣其長史曹嶷徇青州冬十二月征東大將軍苟晞擊破之嶷東萊人彌表嶷行安東將軍東徇青州且迎其家劉淵許之嶷自大梁引兵而東所至皆下兵勢甚盛時晞弟純領青州閉城自守晞來救與嶷連戰破之

五年春正月曹嶷破苟晞晞棄城走嶷遂盡陷齊魯間郡縣漢以嶷爲青州刺史築廣固城鎮之是年石勒殺王彌又表稱嶷有專據東方之志請討之漢主弗許嶷遂中立元帝初借冀州刺史邵續等舉表勸進

元帝建武元年秋七月蝗

太興元年秋八月蝗食生草盡至於二年

明帝太寧元年秋八月後趙石虎擊廣固曹嶷出降送襄國殺之阬其衆三萬以劉徵爲刺史地入於趙虎欲盡殺嶷衆徵曰留徵使牧民也無民焉牧虎乃留男女七百口配徵使鎮廣固地爲曹氏所據者十三年

穆帝永和六年秋七月後趙段龕因石氏之亂據廣固自稱齊王

七年春段龕以州內附詔以龕爲鎮北將軍封齊公

十一年冬燕使慕容恪擊段龕

十二年春正月慕容恪大敗段龕於濟水南龕還城固守恪進軍圍之案帝紀段龕及慕容恪戰於廣固大敗之恪退居安平載記及通鑑並不載今亦不錄又通鑑云恪未至廣固百餘里龕逆戰於淄水考淄水距廣固止數十里百餘里正濟水也今從載記

冬十一月段龕降燕燕留慕容塵鎮廣固地入於燕地爲段氏所據者七年案帝紀廣固之陷在明年今從載記及十六國春秋

海西公太和五年冬十一月秦伐燕圍鄴燕主慕容暐奔龍城地入於秦地在燕者十五年是歲秦苻堅建元六年

簡文帝咸安元年春正月秦徙陳留東阿萬戶以實靑州前秦錄建元七年

孝武帝太元九年冬十月秦刺史苻朗以州來降謝元遣陰陵太守高素以三千人攻靑州軍至琅邪朗降見十六國春秋地在秦者十五年

十七年夏四月齊國內史蔣喆據州反北平原太守辟閭渾討平之以渾爲龍驤將軍幽州刺史鎮廣固此事通鑑不載幽州何年所立史亦無明文地理志係於苻朗來歸之後亦約畧言之耳胡三省曰太元之季復取齊地徙幽冀二州於齊是後鎮齊者

率領幽冀二州刺史渾領幽州刺史蓋自北而南未純爲晉臣使領幽州而鎮廣固也案渾本秦平原太守因苻氏亂據地來降仍以爲北平原太守蓋因其定亂乃置幽州卽以之爲刺史耳

十九年冬十一月後燕遼西王慕容農敗辟閭渾於龍水自渾是降於燕其後歸晉未知何時故不書龍水卽水經注之隴水今之孝婦河也

安帝隆安三年秋八月燕慕容德陷廣固殺辟閭渾遂入都之地入於南燕

四年春正月癸酉慕容德卽位於南郊改元建平

元興二年春二月夜地震在棲之雞皆驚擾飛散十六國春秋南燕錄

義熙元年秋九月女水竭戊午地震南燕主德立其兄北海王納之子超爲太子是夕德卒己未超卽皇帝位改元太上

二年夏無雲而雷十六國春秋南燕錄

四年春南燕主超祀南郊有獸如鼠而赤大如馬集於壇側大風晝晦　是歲地震井水溢女水竭河濟凍合而澠水不冰

五年夏六月車騎將軍劉裕帥師伐南燕至廣固丙子克其大城燕主超收眾入保小城裕築長圍守之　是歲廣固城門鬼夜哭

六年春二月丁亥劉裕陷廣固城斬王公以下三千人沒入家口萬餘夷其城隍送慕容超詣建康斬之裕忿廣固久不下欲盡阬之以妻女賞將士韓範諫曰晉室南遷中原鼎沸士民無援強則附之既為君臣必須為之盡力彼皆衣冠舊族先帝遺民今王師弔伐而盡阬之彼安所歸乎竊恐西北之人無復來蘇之望矣裕改容謝之　以羊穆之為刺史始築東陽城見地理志

十一年夏四月青冀二州刺史劉道宣爲其參軍司馬道賜所害州軍討道賜斬之道賜宗室之疏屬也聞太尉裕攻司馬休之道賜與同府辟閭道秀左右小將王猛子等謀殺道宣據廣固以應休之敬宣召道秀屏人語猛子取敬宣備身刀殺敬宣佐吏即時討道賜等斬之

宋武帝永初三年夏六月魏建義將軍刁雍來寇州兵擊破之　冬十二月魏徐州刺史叔孫建將軍徇州地刺史竺夔遣使告急詔南兗州刺史檀道濟監征討諸軍救之

廢帝景平元年春正月魏叔孫建入臨淄竺夔聚民保東陽城　夏四月道濟軍至臨朐建等燒營去道濟至東陽糧盡不能追夔以城壞不可守移鎮不其城　案夔蓋暫時移鎮城完遂復故蕭思話爲刺史仍鎮東陽

文帝元嘉八年春二月刺史蕭思話棄城走檀道濟與魏人戰於歷城食盡引還思話聞道濟南歸欲委鎮保險遂奔平昌魏軍竟不至而東陽積聚已爲百姓所焚

九年夏六月分州地置冀州冀州刺史鎮歷城

十年秋八月於州地立太原郡

十七年秋八月大水遣使振卹

二十五年冬州城南遠望見地中如水有影謂之地鏡南史本紀

二十七年魏人來寇遣通直常侍申恬援東陽魏人走

二十八年司馬順則聚黨東陽主簿劉懷珍討平之懷珍本傳

三十年春正月饑遣使振卹

孝武帝孝建二年併二州刺史治歷城上欲移青冀二州併治歷城議者多不同刺史垣護之曰青州北有河濟又多陂澤非虜所向每來寇掠必由歷城二州併鎮此經遠之略也由是遂定通鑑在三年今從州郡志

大明二年冬魏人頻來寇刺史顏師伯大破之帝紀

八年青州刺史還治東陽城

明帝泰始二年春正月刺史沈文秀舉兵應晉安王子勛於尋陽子勛即皇帝位於尋陽徐州刺史薛安都等皆舉兵應之上徵兵於青州文秀遣其將劉彌之將兵赴建康會安都遣使邀文秀文秀更分彌之應安都彌之至下邳更以所領應建康彌之族人北海太守懷恭從子善明皆舉兵應彌之安都遣其從子直閤將軍崇兒引兵擊之彌之敗走保北海文秀遣軍主解彥士攻北海拔之殺彌之彌之從子伯宗合帥鄉黨復取北海因引兵向東陽文秀拒之伯宗戰死據州郡志北海太守寄治州下始此時又分治史文略耶

夏四月以散騎侍郎明僧暠爲刺史討之僧暠起兵攻文秀因以爲刺史暠等合兵攻東陽輒爲文秀所敗卒不能克

三年春二月沈文秀請降復以爲刺史尋陽既平帝遣文秀弟文炳以詔書諭文秀又遣輔國將軍劉懷珍將馬步三千人與文炳偕行未至文秀攻明僧暠僧暠退保東萊懷珍進至黔陬文秀所署高密平昌二郡太守棄城走懷珍送致文炳達朝廷意文秀猶不降懷珍遣人襲不其城拔之文秀聞諸城皆破乃降

秋八月魏平東將軍長孫陵等帥師來攻初文秀未降時爲土人所攻遣使乞降於魏且請兵自救故魏遣陵將兵赴青州慕容白曜爲之繼援陵至文秀請降陵入西郭縱士卒暴掠文秀悔怒閉城拒守

四年春三月魏征南大將軍慕容白曜進圍東陽詔以文秀弟征北中兵參軍文靜爲輔國將軍統高密等五郡軍事自海道救東陽至不其城爲魏所斷因保城自固八月分青州置東青州以文靜爲刺史魏拔不其城殺之冬十二月入西郭

九年春正月魏拔東陽城虜沈文秀地入於魏文秀守東陽三年士卒晝夜拒戰甲冑生蟣蝨無叛志魏人入城文秀解戎服正衣冠取所持節至齋內魏人執之去其衣縛送白曜使之拜文秀曰各兩國大臣何拜之有白曜還其衣爲之設饌送平城魏主數其罪而宥之 縣自永嘉五年後非復晉有至今一百五十九年中間歸晉者二十五年屬宋者五十年自是不復南屬是歲魏顯祖獻皇帝皇興三年

魏高祖孝文帝延興元年秋九月高陽民封辯自號齊王聚

黨千餘人州軍討滅之

承明元年夏四月辛酉大風雹案魏書靈徵志此後青州見白鹿一獻三足烏一獻白雀二獻白雉五皆非大事也故不錄後凡各史祥瑞皆倣此

太和五年夏五月主簿崔次恩謀叛聚城北高柳村刺史陸龍成討之次恩走郁洲

六年秋七月蚜蚄害稼　大水

八年夏六月蚜蚄害稼

九年夏四月隕霜

二十三年夏六月大水

世宗宣武帝景明元年夏五月蚜蚄害稼　六月大雨雹

秋七月大水

正始二年春三月大霖雨

四年夏四月步屈蟲害棗花

永平元年秋九月壬辰地震殷殷有聲

二年春正月壬寅地震

四年春二月饑遣使振䘏

五年夏五月步屈蟲害棗花　秋八月虸蚄害稼三分食二

延昌二年夏六月饑詔開倉振䘏

三年夏四月饑詔開倉振䘏

肅宗孝明帝熙平元年夏六月虸蚄害稼

二年秋九月城東陽城案今縣城相傳爲齊天保時所築絕無可證據魏書侯淵傳淵劫光州庫兵反夜襲青州南郭考東陽南瀕陽水其南郭必在陽水之南今城正當其地是今之城即魏之郭矣此郭不見於水經

注則必在太和景明以後淵反於天平二年而郭又在其先然則南郭之築必在此次城東陽城時矣魏得青州至此垂五十年中間無大兵革必因戶口日蕃而東陽又狹隘故廣南郭以處之魏書載之帝紀亦爲其修城兼築郭故大其事耳不然尋常興作何勞紀錄乎其後因郭爲城與東陽分而爲二或始於天保時抑或更在其後皆不可知而今城之必始於此推尋事理殆無可疑者

孝昌元年春三月廣川民傅堆執太守劉莽反刺史元鑒討平之

三年春廣川民劉鈞東淸河民房須聚衆反刺史元邵遣司馬鹿悆監州軍討之敗之於商山夏六月都督李叔仁討平之

敬宗孝莊帝建義元年夏六月河間人邢杲反於北海襲東陽城不克通鑑於是年四月書北青州刺史元世儁舉州降梁新府志謂此後魏尚有青州刺史十餘人見於

史疑梁未得青州全境胡身之注則據隋志以北青州爲東海郡之懷仁縣疑世儁但以懷仁降梁秦魏有青州有南青州並無北青州之目且世儁是年實爲青州刺史與懷仁無涉據魏書本傳世儁肅宗時除青州刺史邢杲之亂圍逼州城世儁憑城拒守遂得保全除衛將軍吏部尚書又李渾傳亦載邢杲襲東陽世儁謀誅河北流民事並不言其降梁且豈有四月降梁而六月又歸守城者乎通鑑此條本之梁紀殆梁紀本誤而溫公失於考證耳今不錄

節閔帝普泰元年春二月鎮遠將軍崔祖螭反圍東陽夏五月都督魏僧勖等討祖螭斬之通鑑考異疑祖螭即崔社客事詳李渾傳秦魏書社客祖螭小字

孝武帝太昌元年夏四月刺史爾朱弼欲奔梁帳下都督馬紹隆殺之弼爾朱世隆之弟聞世隆敗於韓陵爲高歡所殺欲奔梁數與左右割臂爲盟紹隆素爲弼所信待說弼曰今方同契闊須更約盟宜可當心瀝血示衆以信弼從之大集部下令紹隆持刀披心紹隆因推刀殺之通鑑有秋七月郭遷據青州反刺史元嶷棄城走一條魏紀青州作宥州元嶷傳作兗州據傳云詔齊州刺史尉景濟州刺史

蔡儁討之二州皆近兖疑本傳是也今不錄宥州始於唐魏紀亦誤

永熙二年夏四月州民耿翔聚衆寇掠襲殺膠州刺史據地降梁六月以驃騎大將軍尚書右僕射樊子鵠爲青膠大使督濟州刺史蔡儁討之秋七月翔棄城奔梁是月帝西奔長安依宇文泰魏分爲二縣屬東魏

東魏孝靜帝天平元年冬十月刺史侯淵斬前刺史元貴平淵至州貴平不受代淵襲高陽郡克之貴平使其世子帥衆攻高陽淵親率騎夜趣青州詐餽糧人曰臺軍已至殺戮都盡我是世子下人今已走還汝何爲復去也人信其言棄糧奔走比曉復謂行人曰臺軍昨夜已至高陽我是前鋒今始到此頗知侯公竟在何處城民恟懼遂執貴平出降淵斬之

二年夏四月前刺史侯淵刦光州庫兵反以濟州刺史蔡儁討之淵走死刺史封延之來代淵淵既失州任而懼行及廣川遂刦光州庫兵反夜襲青州南郭刦前廷尉

鄉崔光韶以惑人情攻掠郡縣其部下叛拒之淵欲奔梁至南青州爲賈叢者斬之續考古錄曰光州當即廣川之譌不然光州治東萊郡廣川在臨淄何能劫其庫兵耶

三年秋七月雹害苗稼案隋志不繫此於魏而繫於梁大同二年疑州名有誤

北齊文宣帝天保七年冬十一月詔併省州縣凡併省三州一百五十三郡五百八十九縣案平昌郡縣之省併皆當在此時省臨淄入高陽縣以其南境東陽城地置縣移益都來治之詳沿革舊志皆云是年築益都南城今不錄說見上魏孝明帝熙平二年

廢帝乾明元年夏四月詔州境往因螽水傷稼遣使贍卹

溫國公武平五年崔蔚波等夜襲州城刺史高湝擊破之

幼主承光元年春正月周師入鄴太上皇并皇后攜幼主來奔周師至上皇與幼主南走至南鄧村爲周將尉遲勤所獲

地入於周

周武帝建德六年夏五月城門崩

靜帝大象二年夏六月相州總管尉遲迥舉兵討楊堅七月總管尉遲勤舉兵應之

隋煬帝大業三年夏四月罷靑州改爲北海郡

九年春三月北海人郭方預聚衆爲盜庚子陷郡城大掠而去時所在盜起齊郡王簿孟讓北海郭方預淸河張金稱平原郝孝德河間格謙渤海孫宣雅各聚衆攻剽多者十餘萬少者數萬人齊郡丞張須陁追擊方預於濰水大破之

十三年賊帥綦公順襲郡城據之通鑑追敘此於公順降唐之後今以李密據洛口在是年故載於此

唐高祖武德二年春三月隋北海通守鄭虔符降詔以爲總

管　夏四月綦公順降李密敗故公順來降詔以爲瀛州總管　公順之降通鑑載於去年十月今從新紀紀不言鄭虔符之降殆即一事史與鑑互出而異耳　復北海郡爲青州州改郡爲州本在去年五月今書於此以前此地未屬唐也

太宗貞觀元年冬詔殿中侍御史崔仁師來按獄州有謀反者州縣逮捕支黨收繫滿獄仁師至悉脫其杻械與飲食湯沐寬慰之止坐其魁首十餘人餘皆釋之還報敕使將往決之大理寺少卿孫伏伽謂仁師曰足下平反者多人情誰不貪生恐見徒侶得免未肯甘心深爲足下憂之仁師曰凡治獄當以平順爲本豈可自規免罪知其冤而不爲伸耶萬一闇短誤有所縱以一身易十囚之死亦所願也及敕使至更訊諸囚皆曰崔公平恕事無枉濫請速就死無一人易詞者

高宗上元三年秋八月大風

元宗開元十三年大有年斗米五錢粟三錢

天寶元年春二月復改青州爲北海郡

三載紫蟲食田有鳥食之

肅宗至德元載冬十月安祿山將尹子奇略降郡地留能元皓據之僞署青齊節度使　十二月復北海郡爲青州　是歲置青密節度使領北海高密東牟東萊四郡治北海通鑑作北海節度使今從新書方鎮表

乾元元年春正月能元皓降

寶應元年夏五月平盧節度使侯希逸來奔詔以希逸爲平盧淄青等六州節度使初希逸與范陽相攻連年救援既絕又爲奚所侵乃悉舉其軍二萬餘人襲李懷仙破之因引兵而南於青州北渡河故有是命由是青州節度有平盧之號　方鎮表書此於上元二年今從通鑑胡注六州爲青淄齊沂密海

代宗永泰元年秋七月節度兵馬使李懷玉逐其節度使侯

希逸詔以懷玉權知留後賜名正己希逸好游畋營塔寺軍州苦之懷玉得衆心希逸忌之因事解其軍職希逸與巫宿於城外軍士閉門不納奉懷玉爲帥希逸奔滑州自是平盧淄青節度使遂爲李氏新據

大歷十二年春二月以節度使李正己之子納爲本州刺史充節度留後正己先有淄青齊海登萊沂密德棣十州之地及河南節度使李靈曜之亂諸道合兵攻之所得之地各爲己有又得曹濮徐兗鄆五州因自青州徙治鄆州使其子納守青州正己用刑嚴峻所在不敢偶語然法令齊一賦均而輕擁兵十萬雄據東方鄰藩皆畏之雖奉事朝廷而不用其法令官爵甲兵租賦刑殺皆自專之雖在中國名藩臣而實如蠻貊異域焉

德宗建中二年秋八月節度使李正己卒其子納自稱留後

三年廢平盧淄青節度使秋七月以淮甯節度使李希烈兼平盧淄青兗鄆登萊齊州節度使討李納方鎮表云是歲置淄青都團練觀察

使領淄青登萊齊兗鄆七州治青州案此因希烈兼七州節度使討納故置七州團練觀察使以理州事也然希烈雖受命而仍交通李納旋舉兵反七州之地始終爲納所據朝命亦終不行故不書冬李納稱齊王

興元元年春正月詔復李納官納去王號復以爲節度使

復置平盧淄青節度使領青淄登萊齊兗鄆徐海沂密曹濮十三州

貞元四年節度使徙治鄆州案正己徙治鄆而令其子納治青此蓋納徙鄆又命其子師古治青知正己故事雖徙治而其據青也如故故李氏事仍備書之

八年夏五月節度使李納卒其子師古自稱留後秋八月以師古爲節度使

憲宗元和元年夏閏六月節度使李師古卒其弟師道自稱留後秋八月以師道權知鄆州事充節度留後

十二年春暴風起自西北天地晦冥空中有若旌旗狀屋瓦

上如踩躪聲有日者占之曰不及五年茲地當大殺戮

十三年春節度府署及城中烏鵲互取其雛各以哺子更相捕擊不能禁　秋七月詔削奪李師道官爵命宣武魏博義成義甯橫海五鎮討之

十四年春二月淄青都知兵馬使劉悟斬李師道以降所管十二州皆平地爲李氏所據者三世五十四年白居易賀平淄青表元和十四年臣某言伏見二月二十二日制書逆賊李師道已就梟戮者皇靈有截睿算無遺妖氛廓清遐邇慶幸臣某誠歡誠喜頓首頓首臣聞亂常干紀天殛神誅李師道包藏禍心暴露逆節罪盈惡稔衆叛親離未勞師徒自取禽戮伏惟睿聖文武皇帝陛下文經天地武定華夷凡是猖狂無不誅翦兩河清晏四海會同昇平之風實自此始臣名參共理職忝分憂抃舞歡呼倍萬常品守臣有限不獲稱慶闕庭無任慶快踊躍之至柳宗元賀破淄青表臣某言郎日被觀察使牒李師道以月日克就梟戮者帝德廣運唐命惟新霾曀廓清天地貞觀率土臣庶慶抃無涯伏惟睿文聖武皇帝陛下威使百神德消六沴天降寶運

時歸太平自克夏禽吳翦蜀平蔡殄類稽顙羣疑革心唯此凶妖尙間悖慢庭議既得廟謨必滅旌旗燭耀於洪河金鼓震驚於巖嶽鄆城自潰甯同莒魯之爭齊地悉平無俟耿陳之戰五兵永戢七德無虧含生比堯舜之仁率土陋成康之俗介邱霧息巳望翠華之來沂水風生更起舞雩之詠千歲之統寶在於斯臣守在蠻荒獲承大慶抃蹈之至倍萬恆情

柳宗元賀平淄青後肆赦狀右伏奉二月日德音以淄青

制平慶賜大洽率土之内抃躍無窮伏以周滅三監俱明誅放之罰漢平七國更嚴斬殺之科未有翦覆兇渠撫存疑類威習行而德洽誅纔及而恩加操兵者悉獲歸休秉耒者更聞優復與之種食分以貨財疾苦盡除鰥孤咸育葬戰死之骨增以賞延憐刃傷之肌存其壕給滌山川之舊污申節義之餘寃功多受三事之榮節著有十連之寵皦然逆順益以彰明和氣遠周罷七旬之干羽仁風溥暢收六月之車徒寰宇永康夷夏均慶某忝司戎旅獲奉昇平當伊尹無恥之辰見咎繇惟輕之德抃躍之至倍萬恆情無任慶賀之至

以戶部侍郎楊於陵爲淄青宣撫使分李師道地爲三鎮鄆曹濮爲一鎮淄青齊東萊爲一鎮兗海沂密爲一鎮

柳宗元賀分淄青諸州爲三道節度狀右某伏見某月日制分淄青諸州爲三道節度都團練觀察等使者害氣盡除和風溥暢裂壤既分其形勝經野必正其提封河濟異宜海岱殊服人

命作牧無聞感福之源十國爲連已肅澄清之政鼠無夜動
鶏變好音惠澤豈僕於崇朝仁化甯期於必代遂使琅邪郎
墨田生無慮其異謀聊攝姑尤晏子但聞其善祝恭以相公
蓼參禹績制出蕭規光輔聖神永康黎獻某獲逢開泰忝守
方隅抃躍之誠倍百恒品　又代裴中丞行立賀表臣某言
伏見某月日制分淄青諸州爲三道節度都團練觀察等使
者蛇豕之穴忽爲樂郊氛沴之餘盡成和氣伏惟皇帝陛下
天付昌期神開寶歷復昇平之土宇拔妖孽之根源自西自
東不違於指顧我疆我理咸得其區分山川備臨制之形道
途適征徭之便俾侯既定賜履以甯異青兗之封爰從古制
解曹衛之地實契雅謀車甲不藏馬牛勿用俗被雍熙之化
代知仁壽之期農事載盛於耨芟儒風重興於俎豆足使季
札觀魯更陳南籥之儀山甫徂齊復正東
方之賦臣總戎遠地不獲陪賀闕庭云云　以淄青齊登萊五
州爲平盧軍三月以義成軍節度使薛平爲節度觀察等使
復治青州　胡三省曰自是淄青專平盧之號按新舊書二名仍互見　夏四月隕霜殺惡
草及荆棘而不害禾稼
穆宗長慶元年冬十一月節度突將馬廷崟作亂伏誅　廷崟　薛平

傳作馬

狼兒

文宗大和二年夏大水

開成二年夏五月蝗害稼

三年春正月詔去秋蝗蟲害稼處放逋賦仍以本處常平倉振貸

詔曰朕嗣守丕訓恭臨大寶兢兢業業十有三年何嘗不惠下以愛人克己以利物外無畋游之樂內絕土木之功浣衣菲食宵興夕惕厚於身者無不去便於人者無不行損羣方之底貢驅時風於樸素以宏祖宗法制致諸夏雍熙心雖勞於九垓道未盡於一變顧惟不德慙恧顏方深今雖遐邇甫甯忠良叶志五兵戢其芒刃百姓絕其征行勤求理道日冀平泰而去秋旱蝗所及稼穡卒痒哀此蒸人僶羅艱食是用順時布令助煦育之深仁施惠覃恩洽雨露之殊澤其淄青兗海鄆曹濮去秋蝗蟲害物偏甚其三道有去年上供錢及斛斗在百姓腹內者並宜放免今年夏稅上供錢及斛斗亦宜全放仍以當處常平義倉斛斗速加振救眷茲長吏必在得人應遭蝗蟲處刺史委中書門下精加察訪如有煩苛暴虐貪濁懦弱者即須與替閑糶禁錢為時之蠹方將革弊尤藉通商其見錢及斛斗所在方鎮州府輒不得擅有

乖遏任其交易必使流行仍委出使郎官御史及所在度支鹽鐵巡院切加句當天下百姓人吏欠大和九年以前官錢斛米家業蕩盡無可徵納囚繫囹圄動經歲年者亦宜放免於戲惟此凶災是彰菲德情敢忘於罪己惠所貴於及人施令布和期於蘇息凡厥臣庶宜體朕懷主者施行

四年秋七月大雨水害稼及民廬舍

五年夏螟蝗害稼

僖宗中和二年秋九月軍將王敬武逐其節度使安師儒自稱留後舊紀在元年今從新紀及通鑑冬十月以敬武爲留後

光啓三年夏四月宣武軍指揮使朱珍襲平盧軍大掠而去秦宗權欲攻汴州朱全忠患兵少使珍募兵於淄青旬日間應募者萬餘人因襲青州獲馬千匹舊五代史葛從周傳曰尋佐朱珍收兵於淄青間會青州以步騎萬餘人列三寨於金嶺以扼要害從周與珍大敗其衆虜其將楊昭範五人而還

昭宗龍紀元年冬十月節度使王敬武卒其子師範自稱留後詔以太子少師崔安潛爲節度使討之

大順二年春二月崔安潛逃歸三月以王師範爲節度使

天復三年夏五月汴軍朱友甯攻州城六月節度使王師範擊殺之秋八月朱全忠遣楊師厚攻師範九月師範請降全忠以師範權淄青留後時全忠聞李茂貞楊崇本起兵逼京畿恐其復劫天子西去欲迎車駕都洛陽故受其降選諸將使守登萊淄棣等州

梁末帝貞明六年夏四月放免應欠貞明四年以前夏秋兩稅

後唐明宗天成元年春三月指揮使王公儼攻監軍楊希望殺之節度使符習奉詔將本軍討趙在禮於鄴歸至淄州希望遣兵邀之習懼入汴希望聞魏軍亂遣兵圍守習家

欲盡殺之公儼謂希望曰內侍宜分腹心之兵監守陴者則誰敢異圖希望從之公儼乘其無備圖其第禽而殺之秋

八月節度使霍彥威至鎮斬公儼公儼既殺希望欲邀節鉞揚言符習爲治嚴急衆情不願其還習還至齊州公儼拒之又令將士表請已爲帥詔降公儼登州刺史而以彥威代習使聚兵淄州以圖進取公儼不時之官託云軍情所留會詔使至青州告諭公儼懼即赴所任彥威至遣人追禽於北海縣并其族黨悉斬於州東

晉高祖天福六年夏四月民饑詔廩振貸

八年冬十二月節度使楊光遠反

開運元年夏五月遣侍衛親軍都虞候李守貞爲青州行營都部署河陽節度使符彥卿副之討楊光遠冬十二月光遠之子承勳劫其父以降閏月光遠卒降節度使爲防禦使

三年夏五月州民全家殍死者一百一十二戶

漢高祖天福十二年高祖即位不改元仍繼晉高祖年號數之夏六月復州爲節

鎮

乾祐元年夏六月蝗　秋七月蝝生

二年隱帝於去年正月即位不改元夏六月蝗

周太祖廣順元年春正月詔青州水梨今後不須進奉

顯德六年春正月節度使安審琦爲其下所殺審琦僕夫安友進與其嬖妾通妾恐事泄與友進謀殺審琦友進不可妾曰不然我當反告汝友進懼從之審琦醉熟寢妾取審琦所枕劍授友進而殺之仍盡殺侍婢以滅口事覺其子守忠執友進等冎之

宋太祖開寶二年水

四年秋七月水傷田

六年秋水傷田

太宗淳化二年旱

五年冬十月改平盧軍爲鎮海軍 齊乘引宋會要曰太宗命曹彬爲青州節度使中書奏云唐乾元中侯希逸爲平盧節度本平州之地屢爲賊所迫希逸率將士破賊又爲奚虜所侵乃拔其軍二萬餘人且戰且行達青州詔就加希逸爲平盧淄青節度使自是迄今淄青節度皆帶平盧之名今青州願爲重地請以鎮海爲額從之詔曰眷彼營邱控於東夏太公開四履之地小白舉九合之師忠烈猶存風流可尚宜改總戎之號用旌表海之邦青州平盧軍改爲鎮海軍

眞宗景德元年春正月鎮海軍營火焚民居廬舍甚衆 本志舊作平盧軍今改 秋縣民李仁美國凝母皆百餘歲詔賜粟帛 本紀

三年春正月饑詔轉運司振之 通鑑長編 秋八月山水壞石橋

大中祥符元年冬十一月追謚齊太公曰昭烈武成王詔於州立廟 案唐已封太公爲武成王此復加昭烈二字

二年秋七月大水詔遣使馳驛按視仍令轉運使提點刑獄

官檢校堙塞之傷田悉蠲其租通鑑長編

四年秋八月賜州民孤老惸獨者帛

八年春三月州民趙嵩百一十歲詔存問之

九年秋九月飛蝗赴海死案本志云六月京東西河北路蝻蝗繼生彌覆郊野食民田殆盡入公私廬舍七月過京師羣飛翳空及霜寒始斃是今歲蝗實爲災至是無所得食乃赴海死耳當是上下競侈符瑞四方災異多抑而不奏而振卹之典遂致闕如此則更飾災以爲祥矣

天禧二年夏四月免今年夏稅十之四通鑑長編案以連歲饑故也

仁宗天聖九年春賜州學九經從知州事王曾之請也此州學之始 案選舉志仁宗即位初賜兗州學田已而命藩鎮皆得立學蓋州學立於天聖初故此時得賜九經也職官志謂景祐四年詔藩鎮始立學他州勿聽慶曆 四年始詔諸路州軍監各立學然則青兗之立學爲最先矣 石介青州州學公用記曰故僕射相國沂公初作青州學成奏天子天子賜學名且頒公田三十頃以入於學公患田少不足又傍學作屋百二十間歲入於學錢

三十一萬逮今十稔學益興而士倍多太守趙集賢廣公之意取南城隙地又作屋八十三室別爲鈎盾六十二門歲入於學通六十七萬學之公用於是大充而養士之道備矣學官與諸弟子修之請記於壁曰立其法萬世不改者道之本也通其變使民不倦者道之中也本故萬世不易也中故萬世可行也若伏羲神農黄帝堯舜氏樹君臣父子上下之制立其法萬世不改者也是之謂本也服牛乘馬上棟下宇弧矢網罟之宜舟楫耒耜之利棺槨之使臼杵之用通其變使民不倦者也是之謂中焉相國治三代明王作取古者家有孰黨有庠術有序國有學之制建學於詩立本也集賢申易大畜養賢頤養正需飲食宴樂兌朋友講習之義立寬於學制其中也大凡舒則人暇局則人困故善教者優游而至道不善教者急速而強人其要貴夫勞逸之節焉禮曰張而不弛文武不能也一弛一張文武之道也今夫學者六藝經傳千萬言以時而諷之其爲功博矣仁義禮樂忠信孝弟之道天地陰陽星辰災變之動以時而求之其爲業廣矣博而難卒勤苦而後能成蚤起夜誦寒暑不廢衣冠不解則是常張之矣歲有田日有秋勞有休息有養所以息焉游焉是一張一弛之道也君子謂相國集賢善教矣張而不急弛而不廢初集賢樂學之經始甚亟乃擇才吏得節度推官蔡君寔用董其役作屋若鈎盾百四十五間而取材於縣官之餘藉力於公家之隙不煩於府不擾於民和悅而以成子謂相國善

作也集賢善述也蔡君善卒相國集賢之志也見託斯文既不得讓因記其歲月云

慶曆四年秋八月修州城知州陳執中言奉詔權罷修州城契丹雖遣使再盟然未保情虛實恐未可遽廢防守之備況秋稼大成人心樂於集事舊城比已興工劃削高下可窺若遂中輟他日不免重困於民乞遂乘時完葺奏可先是有言執中率民錢修州城民甚苦之故有詔罷其役也

六年春二月戊寅地震

皇祐三年夏四月詔淄青等州自春以來民頗艱食其軍儲留及一年餘盡以振貸之通鑑長編

神宗熙甯十年夏六月修州城建樓櫓南岸置釣橋從轉運使王居卿之請也通鑑長編

元豐三年夏五月縣有石化爲麪民取食之東原錄元豐二年河朔京東歲歉時予守青社南山中土石化爲麪可作餅餌無甚沙礫日有數千人取之流殍因此全活甚多乃聞於朝有詔許匣盛

以進天救疲瘵前古罕聞　澠水燕談錄元豐中青淄荐饑山中及平地皆生白麪白石如灰而膩民有得數十斛以少麪同和爲湯餌可食大濟乏絶　案據李志景德二年大中祥符四年開禧元年天聖六年皇祐九年並云京東蝗崇寧元年及二三四年京東連歲大蝗又淳化元年景德三年北道元年熙寧七年宣和五年並云京東饑災及一路則隣境不能獨免亦非一縣所專故不書又有芝生及禾合穗異畝同穎等均非大事亦不書

六年冬十月修州城　通鑑長編

高宗建炎元年冬十二月壬戌州將王定作亂殺知州曾孝序　金右副元帥完顏宗輔徇地淄青　金史帝紀又王伯龍傳伯龍從攻青州宋下城中夜出兵襲伯龍營伯龍不及甲獨披衣挺刃拒營門敵不得入已而軍士皆甲出殺傷宋兵不可勝計並獲其一將斬之及下青州第功伯龍第一

二年春正月金人陷州城知縣張侃死之金人尋棄城去　金史帝紀正月丙戌湖完顏宗弼破宋鄭宗孟軍於青州癸巳克青州　又石琚傳琚定州人父皋補郡吏從魯王闍母攻青

州州人堅守不降閻母怒之及城破命皋計州民人數將使諸軍分掠有之皋緩其事閻母讓之皋曰大王將爲朝廷撫定郡縣當使百姓安堵無或侵苦之若取城邑而殘其民則未下者必死守以拒我皋之稽緩安敢逃罪閻母感悟乃令曰敢有犯州人者以軍法論指其坐謂皋曰汝之子孫必有居此坐者　冬十二月辛未金人犯州城

三年春正月丁亥金人再陷州城殺權知州魏某焚城而去安撫使劉洪道入守之　濰州賊葛進襲據北城　三月金人復來劉洪道棄城保仰天陂道率官吏寄治士民多從之者　金人以前知濰州向大猷知州事　秋七月劉洪道復州城執向大猷　閏八月知濟南府宮儀及金人戰於密州兵潰儀及劉洪道俱奔淮南地入於金是歲金太宗天會七年

金太宗天會八年秋九月戊申立劉豫爲大齊皇帝都大名

府地自是屬於豫明年豫改元阜昌

九年劉豫升州爲益都府齊乘

熙宗天會十五年熙宗於天會十三年正月即位不改元明年乃改爲天眷元年冬十一月

廢齊國降封劉豫爲蜀王地屬豫者八年

衛紹王大安三年冬縣人楊安兒作亂安兒本名安國以鬻鞍材爲業市人呼爲楊鞍兒遂自名楊安兒泰和伐宋山東無賴往往相聚剽掠詔州郡招捕之安兒降隸諸軍累官刺史防禦使至是招敢戰軍千餘人以唐括合打馬都統安兒副之戍邊至雞鳴山安兒亡歸山東聚黨攻劫州縣殺掠官吏山東大擾

宣宗貞祐元年秋蒙古兵徇府城下之不守而去元分兵三道破金九十餘郡兩河山東數千里殺戮殆盡席卷而去屋廬焚燬城郭邱墟所未下者唯中都通順眞定清沃大名東平德邳海州十一城案金史記此於明年正月今從元史

二年夏五月統軍使僕散安貞擊楊安兒破之元兵既退命安貞爲統軍

安撫等使安集遺黎安貞至敗安兒於城東安兒奔萊陽萊州徐汝賢以城降安兒賊勢復振安兒遂僭號置官屬改元天順爲元帥郭方三據密州略沂海李全畧臨朐扼穆陵關欲取益都安貞屢敗之七月復萊州斬徐汝賢安兒乘舟入海欲走峘嵎山舟人曲成等擊之墜水死安兒雖敗其黨往往復相團結所在寇掠皆衣紅衲襖以相識別號紅襖賊官軍雖討之不能降也

四年蒙古平州推官合達以城叛謀越海來歸行省忙古以兵應之蒙古右副都元帥史天倪追襲合達至樂安斬之禽忙古 元史史天倪傳

興定元年冬十二月蒙古兵再下府城不守而去府卒張林據府事詔以林爲治中

三年治中張林逐權知府事田琢夏六月林附李全以地降於宋 案林雖據地附宋而旋又叛去後又遞爲李全所據宋實未能有青州也故仍以金紀年

置桃林寨義軍總領蒙古綱言伏見貞祐三年古里甲石倫招義軍設置長校各立等差四萬戶爲一副統兩副統爲一都統設一總領提控今乞依此格募選以益兵威制可乃置義軍總領於益都桃林寨等處

桃林寨總領張林號張大刀據險爲亂自稱安化軍節度使知東平府蒙古綱遣擊降之明年綱生禽林林乞貰死自效請曰臣兄演在宋爲統制有眾三千駐即墨萊陽之地請以書招之相爲表裏然後以檄招益都張林不從則合擊之山東不足平也所謂益都張林即據府事逐田琢者也綱以林策請於朝制以林爲萊州兵馬鈐轄久之山東不能守林降於宋

四年春封山東安撫副使燕甯爲東莒公兼宣撫使以益都府路隸之總帥本路兵馬便宜從事鎮天勝寨案據蒙古綱傳寨乃益都地侯摯傳則云長淸縣靈巖寺連接泰安之天勝寨而蒙古綱奏以孫邦佐提控寨事亦以邦佐世居泰安爲言則寨殆當在今萊蕪博山一帶未必果爲縣地也時倚甯爲重故書之

五年夏東莒公燕甯敗於蒙古死之蒙古綱奏言甯所居天勝寨乃益都險要之地

甯嘗招降羣盜胡七胡八用爲心腹羣盜皆有歸志及甯死復懷顧望臣以提控孫邦佐世居泰安衆心所屬遂署招撫使以黃掴几也充總領副之初甯與田琢及綱相依爲輔車之勢山東雖殘破猶倚三人爲重自張林逐琢繼而甯死綱勢孤乃從軍邳州山東不復能守矣

冬十一月張林叛宋降於蒙古蒙古以林行山東東路都元帥府事時元太祖十六年

元太祖十七年冬李全攻張林林走全入城據之

二十一年夏李全執張林送楚州郡王帯孫進兵擊全圍之

二十二年夏四月李全降以全爲山東淮南楚州行省事案帝紀載全之降於去年今從李曾傳及宋史全本傳

太宗二年始立益都稅課所

閻琮等修東嶽行宮據碑

三年春正月李全死於揚州其子璮襲益都行省

世祖中統元年冬十一月發常平倉振饑民

二年春正月李璮發兵修城塹

三年春二月己丑李璮反於漣水甲午還攻府城陷之秋七月璮伏誅於濟南地爲李氏所據者四十一年冬十月詔本路官吏軍民爲李璮脅從者並赦其罪

四年春正月給鈔振貧民之無牛者　夏六月蝗

至元元年秋九月李璮故將毛璋謀逆二子及其黨崔成並伏誅

二年秋七月大蝗饑命減價糶官粟以振

三年夏蝗　是歲以本路禾損蠲其差稅食貨志

五年春閏正月令漏籍戶四千淘金於登州戶輸金歲四錢秋饑以米三十一萬八千石振之　冬十二月以本路大

水免今年田租

六年春三月詔本路簽軍萬人　夏六月免新簽軍單丁者千六百二十一人爲民　是年以本路桑蠶災傷量免絲料^食貨志^

七年秋九月山東饑敕本路酒稅以十之二收糧

八年春正月振本路饑　三月振本路饑　夏六月蝗

九年秋九月振本路饑

十年饑僉山東東西道按察司事馬紹發粟振之^紹本傳^

十一年冬十一月符寶郎董文忠言比閭益都彰德妖人繼發其按察司達魯花赤及社長不能禁止宜令連坐詔行之

十七年夏四月隕霜

十九年蝗食禾稼草木俱盡

二十四年春三月井水溢　秋七月水

二十六年秋七月蝗

二十七年夏五月大雷雨雹

成宗大德五年水

七年夏五月蟲食麥蝗

八年夏四月蝗

九年春三月隕霜殺桑撫之

十年夏五月饑振貸有差　六月大水　冬十一月饑減直

振糶

武宗至大元年春二月大饑遣宣慰使王佐同廉訪司敫實

振濟之　夏五月蝝　六月水民饑采草根樹皮以食免今
歲差徭仍以本路稅課及發朱汪利津兩倉粟振之
二年夏四月蝗
仁宗皇慶二年春二月免徵饑民所貸官糧
延祐二年春正月民饑給鈔米振之
六年夏六月大水害稼　秋九月發粟振本路饑
七年夏六月蝗
英宗至治元年夏五月饑振之
二年蝗
泰定帝泰定元年夏六月淫雨漂沒田廬　蝗
三年春正月封買奴爲宣靖王鎮益都

文宗致和元年夏六月雨水害稼

天曆二年夏六月蝗

至順元年夏四月立益都廣農提舉司及諸提領所並隸隆祥總管府（本紀） 六月蝗 秋閏七月水

二年春正月罷廣農提舉司改立田賦總管府秩從三品仍令隆祥總管府統之 秋九月改隆祥總管府爲隆祥使司秩從二品

三年夏五月罷益都等處金銀銅鐵提舉司 六月大雨

順帝元統二年春三月省臣言益都眞定盜起請選省院官督捕從之 夏四月水

至元五年春三月饑振之

至正四年秋七月益都瀕海鹽徒郭火你赤作亂八月上太行由陵川入堯關至廣平復還益都

六年春二月地震七日乃止

七年春二月地震

十七年春三月潁州賊劉福通遣其黨毛貴來攻城甲午陷之自是山東郡邑皆陷

十八年春正月乙丑大風起自西北土門萬歲碑仆而碎

夏五月地震雨白氂

十九年夏四月毛貴爲趙君用所殺（君用本徐州賊芝麻李餘黨李敗君用據淮安自稱永義王未幾弃山東依毛貴）秋七月貴黨續繼祖自遼陽入殺君用遂與其部自相讎敵

二十一年中書平章政事兼知河南山東行樞密院事陝西行臺御史中丞察罕帖木兒移軍討山東賊秋八月遣其子擴廓帖木兒將兵復東平濟寧賊田豐毛貴黨王士誠皆降遂進軍至益都圍之冬十月察罕帖木兒由濟南移兵至益都環城列營凡數十大治攻具百道並進賊悉力拒守復掘重塹築長圍遏南陽河以灌城中仍分守要害收輯流亡號令澳然

二十二年夏六月田豐王士誠刺殺察罕帖木兒入城拒守軍衆推擴廓帖木兒爲總兵官復圍之田豐王士誠陰結賊復圖叛豐之降也察罕帖木兒推誠待之不疑數獨入其帳中及豐謀變乃請察罕帖木兒行觀營壘衆以爲不可往察罕帖木兒曰吾推心待人安得人人而防之左右請以力士從又不許乃從輕騎十有一人行至豐營遂爲士誠所刺詔贈河南行省左丞相追封忠襄王謚獻武復起擴廓帖木兒總其父兵授中書平章政事兼知河南山東行樞密院事一應軍馬並聽節制已亥賊出戰擴廓帖木兒生禽六百餘人斬首八百餘級秋劉福通以兵援田豐至火

星埠擴廓帖木兒遣將關保邀擊大破之火星埠無考方輿記要云在臨朐縣西南今臨朐亦無此埠　冬十一月乙巳擴廓帖木兒復益都田豐等伏誅擴廓帖木兒銜哀討賊攻城益急而城守益固乃穴地通道以入執其渠魁陳猱頭等二百餘人獻闕下而取田豐王士誠之心以祭其父餘黨皆就誅山東悉平

二十七年夏五月雨白氂　冬十一月吳徐達攻城下之平章已拜降宣慰使普顏不花副使于德文僉事齊郁總管胡濬知行樞密院事張俊皆死之地入於明洪武聖政記曰冬十月命徐達攻沂州拔之莒密等州皆降時金火二星會於守分望後火逐金過齊魯之分謂宜大張兵威復命徐達進兵益都遣人喻其守將老保不聽因急攻之乃出降　是歲明太祖吳王元年

大事志下

明太祖洪武元年置山東等處承宣布政使提刑按察使治青州舊志無文據九年移治補書設青州衛兵志

二年知府張思問移建城隍廟據碑府志載於八年

三年升青州衛爲山東都衛兵志都指揮使葉大旺修城嘉靖通志

五年夏六月蝗五行志知府李仁移建府學於太虛宮據碑

八年改都衛爲山東都指揮使司兵志知縣黃正德建縣學嘉靖通志

九年移承宣布政使提刑按察使治歷城嘉靖通志　案都指揮之移治及改

置青州左衞疑並在是年自是青州爲支郡矣

十一年都指揮使王德修東陽城嘉靖通志時拓地建齊藩故修此城官廨廟宇大半移建宋元以來故址遂湮

十五年齊王榑來就藩本傳

十九年夏六月振青州饑本紀

二十一年春正月振青州饑本紀

二十六年冬十一月大水五行志

惠帝建文元年夏四月齊王榑有罪廢爲庶人本紀

成祖永樂元年春正月復齊王榑舊封本紀

四年夏五月齊王榑有罪削官屬護衞留之京師秋八月廢爲庶人本紀

十八年春二月蒲臺妖婦唐賽兒作亂安遠侯柳升帥師討之三月敗賊於卸石砦本紀賽兒蒲臺民林三妻自言得石函中寶書神劍役鬼神剪紙作人馬相戰鬭徒衆數千據縣西南鄙卸石砦勢甚熾總兵官柳升帥都指揮劉忠圍其寨賽兒夜劫官軍軍亂忠戰死賽兒遁走比明升始覺追之不及獲其黨劉俊等及男女百餘人升械下獄防倭指揮僉事衛青破其黨董彥昇等於安邱賊遂平賽兒竟不可得　冬十月振青州饑本紀

英宗正統六年夏蝗五行志

十二年秋九月地震五行志

十四年夏蝗五行志

景帝景泰二年夏六月丙子廢齊府火五行志

英宗天順元年知府徐郁移建城隍廟據碑

二年夏四月蝗五行志

三年知府趙偉修郡邑學宮倉廩驛傳又遷建學宮文昌祠據碑

四年夏旱舊府志　秋八月知府趙偉修府署大堂據碑

七年自春正月不雨至於夏四月五行志　秋知府趙偉修府署後堂據碑

憲宗成化九年春三月四日晝晦自申至酉是年大饑知府李昂發粟振之舊府志

十六年知府劉釗建理刑廳據碑

孝宗宏治五年春旱大饑舊府志

七年秋九月有龍鬬於陽水漂沒人物甚眾舊府志

八年建撫按行臺於顏神鎮顏山雜記

十二年衡王祐楎來就藩本傳

武宗正德元年夏五月壬辰雷震衣甲庫獸吻有火起庫中五行志

二年冬十二月大雪舊府志

六年霸州賊劉六等圍城知縣牛鸞拒卻之舊志宦績傳鸞字鳴世獻縣人正德三年進士劉六等轉掠山東所過城邑望風奔潰鸞城守以待賊攻之不克引去鸞曰此特自完計耳不大創之必復來乃約樂陵知縣許逵與爲犄角自以兵躡之於樂安之大王橋身被四矢猶扶創轉戰斬獲無算賊自是不敢東窺事聞擢按察司僉事後遷副使謝病歸

七年夏民間譌言黑眚見遠近擊銅器逐之喧徹數夜乃息舊府志

置青州道兵備僉事嘉靖通志防流賊之再至也即以鸞爲之案顏山雜記添設僉事在五年未知孰是

八年冬窩駝村湢于髡冢中有聲如牛鳴自申至酉方止舊府志

十二年設青州捕盜通判駐顏神鎭顏山雜記巡撫黃瓚疏略云臣會同鎭守太監黎鑑巡撫山東監察御史王相徐冠議照禦盜之法本非一端要在衛以防之令以禁之嚴逐捕以銷之足衣食以安之而已前項礦賊勢雖頗衆其初實倡於一二不逞之徒而市井無賴與凡窮困無聊者遂相率而從之臣等查得青州府益都縣去郡二百餘里地名顏神鎭土多煤礦利兼窑冶四方商販羣聚於此其中時有不逞之徒此巡海道副使潘珍先有開立縣治之議今有特設通判之請固欲得其要害而治之誠有見也但鄰近州縣復多徒黨亦未得專恃乎此而遽遠於彼也合無準照副使潘珍及左布政使姚鎭右布政使盛應期按察使王泰署都指揮簽事馬愷分守左參政許湢分巡僉事魯鐸所議於益都縣顏神鎭地方聽令壘石爲堡建立府館一所添設捕盜通判一員許其兼制前項鄰近州縣舊有礦洞不時巡察新編總甲嚴爲約束操鍊弓兵民快人等遇有盜賊小則密謀發卒以收掩捕之效大則移文糾衆以成合擊之功務在斷絕奸萌毋令復相屯聚示已往於不糾開方來以自新則賊黨自此可消矣疏入兵部議

覆看得顏神鎮地勢險要山川環抱軍民雜處多有以强欺弱以衆暴寡又兼各縣挾分土分民之私以致羣盗借出此入彼之險題奉欽依添設青州府捕盗通判一員在鎮專管防禦兼轄新淄長萊等縣地方有警即調遣兵馬聽其約束

香祖筆記曰疏有聽壘石堡之語而顏城實嘉靖三十六年王弇州世貞兵備青州時所建則正德中止設官而未建城耳

十三年蝗舊志

世宗嘉靖八年知府潘鈛修清軍堂據碑

十二年蝗禾稼殆盡冬十月七日夜中星隕如雨舊府志

十三年蝗舊府志

十七年夏旱楊應奎上簽憲康天爵祈雨書曰伏聞精誠動天理所必有至誠感神從古惟然爰稽舊典難以悉數孝子區區三冬躍冰下之鯉孤臣憤憤六月飛一日之霜況全德君子動静合陰陽之機而至道大人存發會天人之妙感通之徵尤爲至速號召之信實有可紀昔者冬雪一禱而三白輒應故茲春雨及時而二麥頗成豈意夏節以

來遠至四旬不雨禾已抽而葉捲豆未播而隴乾田疇龜拆道路塵飛草木枯槁井泉涸竭四境嗷嗷萬姓頒頒惟執事宏才碩德凝道得時撫鎮一方控制千里百萬生靈懸命案下七十郡邑寄死掌中敢乞積誠信宿禮禱神祗必致時雨滂沱救甦焦涸用濟鮒轍之苦以解倒懸之厄豐稔在望流徙頓免地方幸甚小民幸甚生儕居林泉仰沐餘休薄有田廬均沾實惠爲此裁請用祈

施行生不勝仰望悚懼之至

二十四年夏六月大雨城內大水傷人舊府志

二十七年秋八月地震舊府志

三十一年秋七月大水冬大寒無麥苗舊府志

三十六年築顏神鎮城顏山雜記本鎮舉人趙敬簡等議本鎮雖有捕盜通判一員出入無僚佐可屬進退無城池可守誠所謂獨居窮山放虎自衛者也請建石城保安地方兵備道副使王世貞據以上請巡撫都御史傅頤巡按御史段顒言行青州府知府李尚智本廳通判倪雲鵬諸城知縣李承康臨淄知縣衛心穀詣本鎮率耆儒鄉民踏勘卜吉督工建城閏三月而告竣周五百丈門四南曰龍泉北曰范河東曰荊山西曰禹石水門三一偏龍泉

刑西一偏禹石而北一偏范河而東崇禎間添作瞭臺八小
水門一當判山門下南受二女泉水入城分爲二一沿城脚
而西入於文廟泮池出逕石橋又北逕府館西折而西出西水
門一北流至於闕首又分爲二一沿西街而西至石橋與泮
水合一北流逕東隅首出北水門東受范水西流至於隅首
與二女泉水合府館在城西街文廟在其南行臺在其東城
隍廟在南門內義學在北街此城中之大略也　李攀龍劉
築顏神城記曰公既以璽書按青齊諸郡縣郎青齊諸郡縣
治也則之部請城籠水曰是淄萊新益之間一都會哉天不
弔百姓一二長吏怠於疆事俾一二不逞子弟揭竿如林而
負固自喜以爲父母憂四方亡命嘯而過市有業甒於筐中
覆之利劍莫敢以發而釋擔一呼爲皆制梃又安可誰何百
數十年來冀氏姚氏九爲倡亂殺我一二長吏之戌者以茶
毒我百姓焚蕩我廬舍僭不畏明至令一妖女子三勤我王
師翦滅此而後食惡在其按察青齊諸郡縣爲也余不佞蓋
未嘗一日忘之俘鼓之鳴如出宇下郎於璽書又得臨龍水
上以春秋罹吾軍士豈其防民而暴之中野必曰疆場之事
一彼一北棄命廢職其若父老何我必不然不佞之業在蒸
民之七章矣中丞傳公謂御史段公曰余觀於大夫才可使
無徵役百姓而義不可使眾爲政夫固爲一人慮始而榮施
不可有也不然夫豈不知淄萊新益之間嗷嗷者以時紬爲
解也大夫實云畏此璽書郎有後事安可言而勿與知也曰

昔在庚戌少司馬城淄水上繫冠乃天子有錫命此自大夫
家政吾二人將有賴焉以千城王室備他盜也大夫實云無
亦大夫按察靑齊諸郡縣列城數十豈謂是西游津梁之上
有急難也勿更使父老失望於我則公遂營焉曰是在不佞
此一役耳何至言鉅萬吾因石於山因灰於石雖隆之天不
可勝用矣豈猶不堅而覆蕢爲之其又令暴風雨潦以攻一
日之費石城非不倍委土而十年爲計一再築之後石城之
費立盡是使父老終歲率子弟而城己公乃屬之靑州守李
尙智倅倪雲陽自三月至七月守尙智倅雲陽乃以效於公
算纔官錢九百餘緡而城高丈有蕁方廣若千丈各門焉二
水門出南北城下因壑爲池百姯忽自有之矣公以報成今
中丞丁公也攀龍弱冠時一二長吏及彼中豪言城顏文姜
事且三十年此無他則長吏過自好欲無受勞民傷財名不
者大役難成恐中廢作者不任又不者如匪行適謀與衆爲
政耳如此必使城自地出然後可百數十年來冀氏姚氏凡
九倡亂一妖女子三勤王師亡論所蕩焚郎芻餉供億豈但
可爲十城然遂以棄之乃平居則又不復作一錢事而曰吾
巳爲儲芻餉供億於某所令足待變矣豈爲計哉公名世貞
字元美吳郡人少司馬名忭公其子云　山東按察司副使
分巡靑州道太倉王世貞修顏神城碑陰銘曰世貞不佞既
己城顏神則諸父老走李先生文記之而李先生雅善余故
於文稱稍過非當不佞中丞公侍御公之教也與二三大夫

士之謀也余惡敢雍容而坐顯之余不佞又惡敢雍容而顯諸父老之力以爲己功諸父老從子弟蒿萊其畝日夜胼胝將事矣卽因材於山高下陂陁減省他費十之八九而甯無一二酒漿飯炊之費以勤諸父老二三大夫士瓜分版築仗馬二華而人策之亦既勞止華路藍縷以敝茲城拮据切切賓唯二三大夫士與諸父老共其何不佞之有不佞則竊復隱虞爲諸父老城顏神者城之己耶將縣之也城之而前使者以萬計囁嚅旁喝迄靡敢動令不旋踵而告成事諸父老業己受賦二百里外不勝其煩以爲附廓卽百雉之崇易易若是規而縣之則不可縣之則爲若置令若丞蜎役毛供戲人於衽席問哉而割三邑之膏壞使其民與諸父老並削而敝萊大左不取也語云見己然不能見將然卽令今抉城縣利害與他日身所受本末歧異矣然未可著數而舌析姑以明余志耳余不佞敢遂籍二三大夫士豈諸父老子弟姓名示之碑陰而傳以銘銘曰顏姜之山厥陽瀉鹵夾谷造天縮穀其口萊新西挖淄益東走五民居之非利南畝作爲奇衺卽山而取益鑄椎埋章對林首矛鈐日尋何戎不莽唯余小子睥目靡穀本之不探而末是矚厲我父老以勤版築蕤野罄室壺簞道屬唯茲父老藩屏是篤石城我巖可以礪鏃危岡冠頒腴泉滋腹在易有言設險守邦衞以武師周以崇墉過軌亂萌毋使蔓張無若安之薄征厚藏刃鍛鈎喙枉矢大槍消爲鋤擾趣而農桑比屋興讓遵彼周行牧臣罪言敢告

職方

三十九年秋七月蝻自西北來所過田禾一空舊府志

四十一年秋八月己未大風拔樹五行志

四十三年知府杜思修府署至道堂據碑

穆宗隆慶二年秋七月大雨水頃刻深丈餘漂沒人畜無算舊志　按通志作三年舊府志則是年及三年皆大水

三年秋七月大雨舊府志

神宗萬厤四年夏五月十三日黑風自西北來晝晦拔樹發屋舊志

六年春二月免逋賦本紀

八年閏四月重修東嶽行宮據碑

二十二年雨雹（見鍾羽正崇雅堂集）大饑（舊志民食木皮皆盡羣聚劫掠兵備陳文衡知縣劉養浩峻法治數人乃定）

二十四年采礦（本紀）

二十六年知府范善修府署新民堂（據碑）

三十八年大旱（五行志）

四十一年秋七月淫雨數十日毀官民房無算（舊志）八月大風拔樹傾城屋（五行志）冬十月桃李華（舊志通志云桃李華復實）

四十二年冬十二月十五日夜地震（舊志）

四十三年大饑人相食（舊志　鍾羽正追薦無祀幽魂疏曰上帝好生災劫値流行之運窮民無告幽魂沉冥漠之鄉陰霾盛而海岳昏厲氣叢而鬼神泣乾坤慘噎道路哀傷欲釋冤苦之忱必賴大神之佑敬陳禋祀仰戴鴻休緬古三齊夙稱四塞往成推而秩成幕空傳蕃庶之名九年耕而三年餘未有充盈之積偶逢荒歉遂致空虛

豈天地之不仁致陰陽之失序殺機忽起生意全亡熒惑肆咸旣恒暘而恒燠旱魃爲虐乃如燀而如焚黍稷皆枯豆穀俱盡僅覬覦於牟麥復齮齕於蝗蝻何意苒郊頓成赤地米如珠而薪如桂嘶飢兼以號寒釜生魚而甑生塵慈母何能保子弱者鳩形鵠面行趨餓鬼之場強者狼顧鴟張遂育噉人之狀始採囊而胠篋繼斬木而揭竿死不擇音困而猶鬬五合六聚貧而不守其貧一夕九還富亦難安其富劫糧而并焚其舍借財乃遂害其身蜂蟻成屯干戈載道法不能禁罪可勝誅尋至興戎乃干大戮或拒旅逞其螳背塗肝腦於郊原或畏刑縱其豕奔幽妻孥於囹圄千村萬落十室九空破屋頹垣歎人烟之俱寂疊屍累骨至種類之靡遺惡者既己亡軀飢者誰爲餬口糟糠俱盡剝林木以爲糧雜犬皆空割屍骸而救餓生者食死者之肉死氣亦攙生魂死者入生者之腸生殼全包死魄死生不遠人鬼相交始啖腐屍遂屠生命析骸齩骨豺虎不足喻其凶焉肉分羹梟獍未可方其惡餐肉者何異自餐其肉食人者俄而見食於人垢穢薰天死傷遍地藁裡不掩遺骸任飽狐貍冢墓何歸血淚空啼杜宇悽慘於星月之下呻吟於風雨之晨抱恨重泉含悲永夜強魂伯有難全七尺之屍餒鬼若敖孰莫一孟之粥上干湍泰下兆氣祲荒沴未銷瘟疫燃作死餓死兵死疫並於一時哭母哭夫哭兒達乎四境人非木石豈不悲傷竊惟天地之生人實稟陰陽之氣化行分善惡道化疏親致死之咨雖殊

悼亡之倘奚異淸明佳節官府雖舉郡厲之儀饑饉歲時社里誰陳荒郊之祀某等共興善念同結慈緣伏請城隍尊神羣祠衆聖冥空幽顯俱到證明大開慈慧之恩普渡死亡之衆閔其愚昧胥向昭蘇互相吞噉者皆解結而釋寃遷續傾踣者俱同緣而共會挽長河爲酥酪化岱嶽作乾餱俾歸淸淨之壇共入華胥之境死魂超脫生類淸寧兆以豐年盎爲和氣風之雨之露之潤澤之布濩之無災無害合五穀以全登老者壯者少者疲癃者殘疾者足食足衣樂四時而共泰某等不勝禱首哀切之至

四十四年蝗舊志

四十六年有年舊志

知縣田仰創修縣志纂修田仰校正教論朱邦彥訓導王逢立王惟任采輯贈僉事鍾羽教貢生王大壯督刻縣丞程元麟主簿周命新典史張廷憲 仰自序曰古者國必有史今之邑地方百里卽古諸侯國郡邑之乘名之曰志亦史之屬也凡百里之內土地之肥磽山川之平險民生之利病習俗之貞淫戶口之盈虛田賦之登耗政令之得失賢人君子之論著忠臣孝子義夫節婦之芳蹤卓軌畢載之以備朝家之採擇垂之百世文獻足徵法鑒俱在志之所繫豈不綦重蓋在古稱天府而於今爲巖邑何獨寥寥也蓋闕焉不講者

二百五十年於茲矣丙辰夏余以調繁至土俗民情未諳也
考古證今索之掌故茫無以應雖大概附見府志然略而不
詳汎而不核者多矣微獨往蹟易湮前人之休美不著而師
心自爲其何能淑余深懼焉用是不揣綿陋思勒成一家言
以舉茲曠典而凶厲之餘拮据安集日夕靡暇己年之際歲
稍豐稔黎民樂業訟庭清簡因矢其餘力詢諸父老所傳聞
者參之府乘所紀綜理凡十閱月而志成嗚呼余之爲此豈
徒藻繢文飾移一邑之觀美已哉先正有言曰文章不關世
教雖工無益況志存往憲信來祀必洞古今之變究利病之
源裁而核簡而明詳而無所于濫去取有擬始足述也故志
之則例大抵取法諸家而旨寓勸懲義垂法戒則諺以已意
附之亦期於世教稍有關切云耳抑海內賢士大夫吏茲土
者後先相望豈不能文而曠焉不舉誠慎之也余不敏於往
哲無能爲役何敢冒昧而處於此蓋思鄭之辭命草創之後
繼以討論文繼以修飾潤色余之毷毷經始亦竊比裨諶聊
日草創後之君子彌余之不逮而討論而修飾芟其煩增其
所未備以遂成茲邑之鉅典則余之幸也余有厚望焉　禮
部尚書趙秉忠序曰志者識也識其大兼識其小也其裁嚴
其文彀彀則信信則傳蓋吾夫子從先進之思焉夫子之文
莫大於春秋學易刪詩書任述不任作而於春秋則自取之
旁及二十餘國上下二百四十餘年王人列國禮樂征伐賢
賢黙不肖其事甚悉而其辭何簡且嚴也夫左史紀事右史

紀言紀事在春秋紀言在尚書當時列國聞人詎無言可紀
而尚書所取僅費誓秦誓已耳聖人固慎於選言哉今之爲
志者一郡一邑不數百里而登載盈閭終歲莫殫於事殽於
言憂將焉用之海岱惟青州益都隸其首邑故未有志彼人
疆而問政省方而考俗其何所折衷也縣父母百源田公蘇
牧上調吾邑邑方大穀公集勞執掌發於岩睫蠶於肺腑激
切於申奏凡蘇息彫瘵吧流垢穢剪截浮淫者班班舉矣己
乃校青衿士課其文以式披而讀之不激不靡無纍聲無剪
響遂隱焉志事之闕也迺長息曰昔唐竇德元不能對帝邱
之問茫今恥之矧茲望邑志乃湮鬱乃爾如守土何於是乎
聽政之暇典鉛槧而創新之參以府牒斷以獨照事鉤其二
三文省其六七獵幽微搜放佚正舛錯核名實存往綴新頌
提臚次以成厥功爲志九爲圖六竊見其文章爾雅聲貌明
融發至言於短引寄長嘯於微詞妙損益於諸家舒藻思於
哲匠大無夸眦小無網漏喜無溢美僾無礎聲得志法矣不
殺信而傳乎至若大指簡嚴右質崇素更有合於夫子先進
之從春秋之作以稱良史才誰曰不可嘗考周官以太史內
史掌六典八枋而小史掌邦國之志外史掌四方之志猶慮
其時事之升降沿革錯迕不合也而皇華之使文以時采歌
謠奏疾苦而人主猶慮其未也巡行方岳命太史陳詩以觀
俗之文質命市同納價以觀民之好惡命典禮同禮樂召故
老問山川神祇宗廟則當時之事人主親聞且見矣異時王

正屆期肇公肆覲天子臨軒延見郡邑長吏首問公東方疾苦狀公從四岳後以新志上陳備觀乙夜按人性物土利害俗尙稽吏職之良楛考史獻之替興歷歷指掌則是志之修也固無侯皇華之奏而不啻方岳之省也天子明見萬里寶政事文章之彥是藉循吏佐漢顯翼甯周懋皇華而承湛露余將拭目觀之

工部尚書鍾羽正序曰著述難矣郡邑志尤難非文與事之難以取義爲難也夫志史之流也史患文勝其始也慮捃摭之弗詳詳矣慮體裁之弗當當矣而不足考故實昭懲勸猶之乎文以取義何當焉今觀夫治安天人之佚也古今人物王子表之駁也卓孔杜張之崇而恕也古良史猶難而況其後乎日者正嘗續郡志矣而意弗自慊也蓋其難也又二載邑侯田公縣志成余誦之三歎心服焉曰美哉志秩秩乎備而弗蹐理而不剬其體嚴其文雅其論議沈詳悱惻有所穆焉深思焉有所齋咨遠慮而豫戒焉民生疾苦吏弊根株一篇而三致意後之人考而鑒之無弗具者侯所謂存往憲昭來祀洞古今之變究利病之源去取有槪故足述也自立邑以來千百年未修之典一旦成之視郡志事不加益而取義獨得可以超乘古人而況今哉本之侯才超而學遂一下筆言語妙天下其擘畫剸煩劇有餘經術文雅足以謀王體斷國論操履潔特有羔羊退食之節杜姦拯弊明若神君湛如也方其以賢調吾邑歲適大祲民岌岌無終日計侯噢呴安集之無何而孚者起流者復刑淸訟簡釀

為豐和政既成則崇文教明軌物以立章程舉煩雜浩穰人所竭蹶不能辦者侯第從容理之盡天下事無足難者而難一志乎嘗鼎者一臠窺豹者一斑志侯緒餘也異時者當大任裁大典崇論宏議建萬世不朽業直舉而推之耳乃邑士民所欣承者則誦志而見侯之心循志而衍侯之惠其受賜宏大矣羽正褒朽敬與士大夫父老子弟世世佩侯明德是為序　工部尚書董可威亭曰益部在府諸邑中若衣服之有冠邑乃故無志而附見於府志中府志雖新輯定要之統言則詳專言則略二百年來曠典若有待焉田公選調茲邑比歲大祲而人相食噢咻而安集之胥有甯宇二年之後鳴琴四境治矣迺與二三耆老討論故實而潤色之作志九卷蓋自疆域山川戶口人物風俗以至城池廨宇井邑先賢之遺迹下至佛老之廬靡不舉而次之緒理要會蓋燦然明備矣至其摛茜拔藻發事斷義洞乎有遠慮焉夫邑里之時隆時替時湻時漓與世遷者也邇蓋都舊即雪宮星石方且塞於榛莽化為闤闠而況津梁坊市造興造廢者乎若存若亡有掌故在搏捖變化固在人耳余猶憶記二年以前之益都也日不春哭不烱村不舍為墟赤白丸縱橫路死者相枕藉曾幾何時鴻歸在野雉馴於郊肩相摩也轂相接也所稱鬬雞走狗之場雍容禮樂在昔佩牛帶犢之輩誦說詩書公之悉心籌畫極力拮据無復餘矣凡籍於志者皆口嘗而知辛鹹手揣而知輕重後之來者奉為矩程一紘未安即更一紘

斯志可考鏡己將官於斯與生於斯者實利賴焉余又因是而有感也自秦罷侯郡縣天下官於茲者不知凡幾試取古循良之績而特書之者僅僅若而人當不禁依回歎羨若思若慕而寂寂湮沒所不出也自有此邑而孳孳纍纍生於茲者不知凡幾試取古嘉言懿行之軌而特書之者僅僅若而人當不禁依回歎羨若思若慕而寂寂湮沒所不出也吁嗟百年易邁千古為昭後之視今亦猶今之視昔公以世家子沖年介節神明淵徹機通籍亟仕已生活億萬人樹不朽天壤間晉而銓敘流品進賢退不肖勸伐爛焉其禔福流芳無已時者余以葺闕坎軻浮沈牛馬走樗材未效蒲質早彫竊附青雲用玷白璧媿茲甚矣懼茲甚矣敢以附之簡末　案此志今未見傳本

熹宗天啟三年秋七月雨雹舊志

七年春三月西王疃牛產犢碧色朱脣徧體鱗甲產時有光康熙通志

大水漂沒民居舊志

莊烈帝崇禎三年春恆霪夏蝗害稼舊志

五年恆雨傷稼舊志

七年春正月朔大雨震電已而大雪夏蝗蝻害稼舊志
九年秋七月蝗大饑斗粟千錢大疫八月大風拔木雨雹大如李實害稼舊志
十二年自春正月不雨至於夏六月秋七月大蝗水涸大饑人相食舊志
十三年夏蝗旱秋大饑羣盜蜂起舊志
十四年秋七月恆雨至於十月冬無雪是年大疫舊志
十五年冬十二月
大清兵略地至城下攻之不克遂東去指揮黃桓死之安致遠李將軍全青紀事李將軍名士元字小溪直隸通州人也生而長身鐵面有膂力以膽略自雄由行伍積功至偏裨守備青州值明季州縣吏率抑制武職士元鬱鬱無所施而益都西鄙岸青泰河諸山多伏莽往即捕獲地方賴以小靖崇禎壬

午冬大兵略地東省士元登陴誓守當西北隅之庳圮處其地直范公亭南林木叢翳而大兵萬騎陣於堯山之溫家窪不濟度地形越三日率衆東去城守者皆解嚴熟寢士元獨不寐至夜半聞城外村犬狺然俯堞而窺則甲聲錚錚人語窸窣大兵已至城下士元大聲疾呼守陴者驚覺皆走散士元立馘一人乃止急然火礮擊之騰而過不能中黃指揮桓立陴間放萬人敵皆頓地熄士元力能絕人乃倒提礮尾以帽窒其口附堞而發而桓以東薪投城下擲炬勢萬人敵響如轟雷雲梯壞攻者殲焉敵兵雨射城中桓與士元比肩皆祖立桓應弦殪士元屹然不動而意氣愈壯抵明而敵兵以城堅不可攻拔營東去城中百姓皆以手加額曰微將軍城其屠矣明年癸未三月大兵率衆西返去郡城六十里下呰於瀰水之涯四十餘日而明懷宗遣重兵護衛衡藩督師范志完頓兵望城埠鍾將軍軍曉東門經略王永吉趙敬塘軍車轅門總兵劉澤清駐師古西關相聯絡爲犄角之勢衆凡數萬人日視兵士焚僇燹廬舍牽持纍纍以去莫敢誰何而澤清一部尤橫恣狡譎反首鼠兩端爲襲城之計乘夜假冐大兵攻城士元亦備預甚嚴然萬人敵焚殺百餘人遂緣夜遁去踰年甲申是歲爲崇禎十七年也三月李自成陷燕京僣尊號建國曰大順改元永昌所遣僞官姚將軍以五百人鎮青皆鐵衣繡鬚以紅帕首勢焰焰張甚而藩王家有獻女爲其小妻者城中惴惴不自保未幾吳三桂由甯遠抵闖門

合大兵蹴燕都自成西遁士元所遣急足偵探者一日夜至青士元私計賊覘知非內潰即外逸青人必罹其害徬徨計無所出而姚將軍適以是日開讌於邢向書宅士元率其麾下健卒數十人若將進謁之狀姚倉皇離席起立士元直前躍身越几斬姚於座上其左右皆披靡士元大呼曰爾知吳菜引大兵百萬已滅闖賊平動者視姚將軍願留者聽不者解甲去是時城中萬戶無不屏息以聽士元於是介胄入見衡王曰神京失守闖賊西竄社稷無主中原鼎沸王親憲皇之子孫據全齊形勝之地山東豪傑荷戈礪刃大者數萬小者千百爲羣引領以望王義師之起勝兵百萬可傳檄而集南塞大峴之口北抵河濟之衡鼓行而西以光復我明舊物將見燕薊士女皆簞食壺漿以迎王師誰復有興大王爭衡者不然今坐失事機萬一瞻烏靡定異姓代興彼時下尺書以徵王王豈能常享藩封乎王素懦又格財自封趨趙不敢對士元知事不可爲乃棄官快快歸里餓而　大清定鼎燕京遺兩固山安集青郡士元亦隨行至青踰月而有趙應元之變應元爲自成餘黨持僞符乘傳至青太守張文衡出迎而應元聲言報謁隨文衡肩輿並從卒數百人擁入門者不能止因據城以叛殺總督王鼇永而欲挾衡藩南渡王不從事出倉猝人情洶洶兩固山以士卒少檄集諸路兵圍城欲請禁旅以濟師士元方勦高密土冦聞變疾馳至青入諫兩固山曰城中居民皆脅從非誠心附賊脫大兵一至城破則

玉石俱焚盡及無辜其若全城子姓何日郎如君言計將安出日應元以敗亡之餘詐有青州本出顧外觀其入城封府庫禁殺戮其意蓋欲全城以待撫耳但以騎虎之勢急則致死緩則可以計圖某將以利害禍福動之諸兵但按兵以待其計如是如是皆曰諾遂緩衣徒步通謁應元素熟士元名歡然出迎曰君欲為兩固山遊說耶曰亦為將軍計耳將軍據青已月餘矣孤城自晝不能拓尺寸地以張威令將坐守青州南面以自王耶抑或藉朝廷之命專制一道之為得也將軍士卒不滿千人為將軍城守者不過懾將軍威目前為自全計非能揣循而用之也戰則不能守則不可援兵外集內變將作必有以將軍為奇貨者譬如弃中之虎坐守縛矣應元士卒少又傳禁兵將集不無內恐聞言色變曰將軍為我謀奈何曰是莫若與諸帥和而令撫軍公疏請於朝言公入青州廠以總督虐民誅之其餘不戮一人今復以全城歸命　天子則通侯之賞可立至矣應元曰惟君命士元乃導應元出謁諸帥而令以甲士數百人隨是晚遂令應元張筵招飲譙於郡北門之瞻辰樓隨從者止許各一人參議韓昭宣素勇健專席坐應元軍師楊王休與士元各東西相向坐而應元與士元貼肩坐以示親暱至則鑽刀歃血而誓兩固山各伏兵城外以俟士元業先與城中居民約聞礟聲則啟扉再則各家以牀几之屬頓中衢三則闔戶寢息聽街市有聲勿譁時夜漏二下酒酣樂作金鼓喧闐與城柝相亂而礟

響忽發士元佯愕然曰此何爲者也應元曰豈營卒有竊發者耶行誅之矣及再發士元起謂應元曰君當有他謀矣信誓旦旦之謂何而乃中變乎應元方錯愕無以應俟而三發士元乃以左手握應元右臂怒目左右顧僞爲與應元耳語狀因攜手至睥睨間俯堞欲語以左手掣刀斬應元於城上而昭宣以銅鐗踣王休於座從者潛抽利刃所殺凡數十人餘皆散走而三礮一時先約伏兵殺守門卒納我軍諸從賊以通衢什器隔閡無一人得脫抵曉居民啟戶皆屍橫於市方籍籍言今夜三鼓李將軍已斬趙賊首矣方是時微士元計以重兵圍城困獸猶鬬勢必多殺良民則活青州之數萬生靈者非士元而誰哉事既定部牒新選一參戎至士元仍遁跡田里後二十年有人於燕市中見士元鬻馬絡以自給云

十六年春三月

大清兵自登萊回次於濰河夏四月乃去 見前

國朝

世祖章皇帝順治元年春三月丙申大風自西北來晝晦尋雨著衣盡赤 舊志 丁未李自成陷京師僭尊號夏旱 舊志 李

自成遣僞官姚某以五百人鎭青青人殺之見前 五月我
大清定鼎京師六月遣戶部右侍郎王鼇永招撫山東秋七
月王鼇永撫定青州郡縣齎故明衡王朱由㰘降書以問請
蠲免山東錢糧如河北例從之東華錄 冬流賊餘黨詐降殺
侍郎王鼇永梅勒章京和託等率師至討平之馮文毅年譜

二年秋故明衡王朱由㰘入覲

三年夏五月衡王世子與其宗魯王荆王謀反皆伏誅

四年夏旱蝗舊志

五年夏淫雨大水舊府志

十二年秋九月裁青州左衛右中前後四所

十六年夏五月裁青州衛經歷秋八月裁永阜倉副使歸併

大使尋併裁大使

十八年設山東提督駐青州府

聖祖仁皇帝康熙三年夏四月隕霜殺麥舊志顏山雜記日時麥將成霜初過芃芃不減田家幸之既而有芒無粒十不獲一大旱蠲免本年租銀並遣官振饑新府志發帑六萬兩皆爲胥吏侵漁飢民未霑實惠

四年夏旱大饑遣使振卹蠲本年田租舊志移提督駐濟南府

五年夏旱井泉皆涸大無麥舊志

七年夏四月冷雨人多凍死六月十七日地震有聲如雷自西北起屋宇傾圮人畜死傷無算遣使振卹蠲本年田租舊志

八年同知朱麟祥修海防署據碑

九年冬大寒人多凍死舊志

十一年夏五月二十二日地震六月蝗秋蚄害稼舊志

知縣陳食花修縣志書凡十四卷總裁知縣陳食花同閱縣丞楊浩校正教授魏世名教諭孫振甲纂修大名道鍾諤知縣馮灝松陽縣知縣高梓貢生楊謙王蕎孟生員樂安李煥章縣人楊珽石璽馬豫采訪生員楊演新楊鉅儒董王溶督刻典史黃人傑

食花自序曰青為太公始封之地盖邑附於青郭明萬麻問百源田公取府乘而支分之盖迺有志迄今六十年所靡有舉而修之者其閭兵燹滄桑藝文典故多不備版圖賦役多互異花以魚鹿承乏茲邑正欲效羅操觚問圖書著述事越王午秋恭逢 聖天子允衡宰衛公之請 詔天下各郡縣修志以獻以彙成一統鴻文誠干載之健遘也第事實必詢之故老紀載必求之故典洎今未可盡攷矣若欲意為繁簡則繁之而近於瀆簡之而近於忽必得先建諸君子與膠庠諸俊彥出其高曾之信聞删其繁補其簡重繪一家言而後可於是集諸紳士於雲門書院自秋徂冬不三月而書告成上星度而下井廛列山川而紀名勝土物註其繁庶人文徵其瑞靈戶版疆域田賦則壊條分縷析下至閭巷子女節行可嘉耆必登諸版騷騷乎完且備也爰進之蘭臺東觀以備 聖天子採風問俗按志

御覽亦知青齊益邑碩儒大良代代輩出節孝高風謹穆
不絕兼以山川相繆鬱乎蒼蒼臺樹勝概巍然可觀有其地
又有其人洵足稱大國之風云 邑人孫廷銓序曰益都故
兩漢廣縣地部刺史時治之故亦有青州之號及晉慕容固
宋築東陽皆近廣縣爲重鎮州治隋去臨淄而定著於此爲
今府城益都舊城在壽光南十里北魏所置下縣也高齊之
世廣縣無聞而益都之名移入青州爲附郭此前漢地理志
魏書地形志水經注舊唐書可參考者也其後青州或爲郡
爲軍爲總管府而益都以附郭自如歷隋至明以入我皇
朝之版蓋益都之爲縣已千二百餘年矣顧以舊隸府城無
顓志有之自前令田君始田有惠政稱賢君不獨以志重也
顧後來者闕焉莫考君子憂之乃越六十年而今令陳君賓
續爲完書得十有四卷前志既出於巨手朗有道既諒無多
益獨六十年間戶口登耗人物盛衰風俗之醇漓賦役之繁
簡此治亂所係掌故所存後之作者不可不三致意耳今觀
此書則可謂備矣又案田陳系出虞思適齊以大撫海岱而
雄伯者七世焉乃其苗裔不鄙棄其遺民而後先著績於吾
上蓋過一甲子而人與地若合符節然吾陳君且夕上此書
於册府而且以治行尤異膺特達
之遇也則志也而又以人重矣
十三年春三月大雪五日乃止夏四月八日隕霜殺麥舊府志

十五年大有年舊府志斗粟十八錢

十七年夏大旱舊府志

十八年春大饑

詔免夏稅舊府志

十九年大雨雹免額賦有差乾隆通志有年舊府志

二十五年夏六月淫雨萬年橋壞舊府志

二十七年升提學道爲提督學院始移駐歷城濟南府志

二十八年夏六月蝗秋七月蝻生舊府志

二十九年饑免田稅舊府志

三十年夏六月蝗舊府志

三十一年春正月朔大風霾夏六月朔大星如月自西南流

入東北有聲如雷舊府志

三十四年修武成王廟據碑

三十五年夏五月十九日大雨雹殺人舊府志

三十八年春三月大風連日壞民舍舊府志

四十一年夏淫雨舊府志

四十二年春二月淫雨舊府志

四十三年春大饑

詔免租稅遣官養民秋大疫舊府志

四十四年夏五月大風晝晦舊府志　有狼香祖筆記

四十八年夏蝗秋七月蝻生舊府志

五十五年夏五月旱蝗見重修八蜡廟碑

五十八年秋七月大雨水舊府志

六十年春旱無麥舊府志

世宗憲皇帝雍正二年夏四月大風晝晦博山縣志　知府李秉德修府署據碑

八年夏六月大雨水遣使振卹並蠲免本年額賦新府志馮時基日記曰大雨十餘日平地水深數尺溝壑皆盈茅屋盡仆傷人甚眾人依高阜結廬有十餘日不得舉火者

十年設青州滿洲兵駐防新府志

十一年春三月穀雨後大雪博山縣志

十二年秋析顔神鎮置博山縣博山縣志

高宗純皇帝乾隆元年壽婦馬氏年百有一歲詔賜金帛

旌其門采訪壽婦金嶺鎮侯選府經歷王昌明妻子作楫見孝義傳壽婦至百有五歲乃卒

十一年夏六月大雨水采訪數日不止牆屋傾圮禾稼淹沒瀰河擁沙成嶺距河三十里盡成巨浸附近居民流徙甚眾鄰縣被水者六七而壽光尤甚

二十九年夏蝗采訪

三十二年修武成王廟據碑

三十九年大饑人相食采訪

五十年旱饑采訪

五十一年春大饑采訪斗粟千錢麥苗樹皮俱盡市有售水藻者

五十二年大有年采訪傭工日與斗粟不如與制錢五十劉家店有糴穀者不售置於村之玉皇閣上而歸五日後再往取糴其穀如故

五十五年春三月隕霜殺麥麥仍大熟見姜家莊重修玉皇廟碑采訪云在五十

三年殆記憶之誤

仁宗睿皇帝嘉慶九年夏蝗知縣海亮督民急捕之又以錢購蝗民爭捕送數日而滅見八蜡廟碑

十年夏旱采訪　秋七月飛蝗爲災采訪　蝗自西來飛蔽日月所過禾稼一空刈而藏之於室多方保護者尚有所獲否則轉盼已盡後東去投海死

十四年春二月十七日大風晝晦采訪

十七年春正月朔北方有聲如雷至夜方止蕉硯錄

十八年縣民梁氏子驟長一丈有奇新府志

二十四年冬大雨雪采訪　有壅門不得出者次年雪消平原大水有衝壞屋宇者瀰水泛溢如六七月間行人阻絕

二十五年秋七月朔雷震東城裂數尺蕉硯錄

宣宗成皇帝道光元年秋七月大疫采訪死亡甚多禾熟幾無收穫者民多懸紅旛於門以禳之至九月乃止

二年夏大水采訪

三年夏大水秋旱采訪

九年冬十月地大震采訪初震自寅至辰凡八次自是晝夜十餘次或一月數震或數月一震至十一年十月方止屋宇傾圮壓死二十餘人樂善鄉尤甚

十一年蠲免十年以前租稅新府志　本縣蠲租銀三萬七千六百四十八兩有奇雜項銀一萬三百兩有奇

十三年夏五月三日雨雹大如雞卵蕉硯錄

十五年春旱夏五月淫雨采訪

十六年春大饑疫秋大熟采訪

十七年大有年

十八年春三月雨雹傷麥（采訪）夏六月大雨水漂沒廬舍甚衆（新府志北門外南陽水與橋平）

二十一年春正月大風雪（新府志塗人多凍死者）

二十八年蠲免二十年以前租稅（新府志本縣蠲租銀三萬六千七百四十五兩有奇雜項銀八千八百四十四兩有奇）

文宗憲皇帝咸豐二年冬十月地震十一月又震（新府志訖道光三十年以下並采訪不復注）

三年春正月地震三月又震

四年夏五月地震

五年夏五月大風雷（城北石達莊石碾飛出數里外）秋七月大雨水淹沒

田禾民居無算

六年春大旱蝗秋蝗食麥苗

七年春饑夏五月蝗

九年春二月地震夏旱

十一年春二月皖匪犯縣境鄉團及駐防兵禦之不克匪殺掠而東秋八月復由縣境西去 賊由博山青石關東竄金嶺鎮鄉團逆擊之傷亡甚衆賊遂至淄河西岸河東鄉團不知金嶺鎮之敗也聞賊至馳赴之聚於河灘士氣頗銳既交綏擊其前鋒小有斬獲已而賊以全力壓之遂潰死者枕藉居民恃有團防逃避者少及賊過殺掠甚慘是役也駐防兵祗五百人知衆寡不敵乃依山布陣鄉團之涉河也駐防兵以非地利止之不從師又無律是以甚敗秋賊由張孟口而西信宿出境民皆有備故無大害

穆宗毅皇帝同治元年夏蝗　秋七月淄川革生劉德培據

城爲亂縣境戒嚴　疫　九月沂州幅匪自臨朐竄入縣西南境仁河淄將援淄川知府高鎮知縣梅續高擊卻之冬十一月又至又擊卻之稟稿曰九月十六七及十月初二三四等日沂匪兩次竄入縣境均經調集勇團先後在西坡滴水張莊三角地唐莊等處接仗數次匪勢不支始向臨朐境內竄逃

二年夏六月劉德培棄城竄至縣西境大北山前雲南提督傅振邦禽之以歸縣境解嚴淄川大軍四合德培突城出由佛莊竄入縣境井筒莊之大北山負隅自固振邦率步騎猝至山南誤入蟠龍溝蓼鴨莊民團白雲薺率鄉兵引之出助之合圍德培遂成禽山東軍興紀略作太白山嶺即太白山也

四年春正月雷電大雨雪

六年金嶺鎮民馬氏八世同居知府閻廷佩表其門馬氏先爲章邱人雍正十四年監生文炳遷至鎮生子二孫三人世有厚德長孫元興嘗拾遺金還其主道光間歲連歉又煮粥食餓者

曾孫五人元孫十八人元孫之子三十餘人其長者曰純德咸豐十一年殉邑難純德生漢章知縣梅纘高嘗表其門至見漢章又生子桐故再表之漢章桐並見世襲　夏五月皖匪過縣北境尋去冬十月自東西竄亦如之民皆入堡兵乂尾追故無大擾

七年秋旱　九月十五日有火毬自東南落於西北白氣隨之移時乃滅

八年夏六月東鄉虸蚄害稼　秋八月營卒趙連城戕其守備金國彥及知府王汝訥

九年秋大熟明年亦然

今上皇帝光緒元年秋七月大風傷稼

二年春旱大饑南至臨朐北至壽光野無青草劫掠叠起巡撫丁寶楨至縣彈壓之稍安　冬知府富隆阿知縣鄧瑛勸富民出粟振之

三年春大饑飢饉載道餓死粥場者無算及麥熟得飽食死者尤多　秋大熟

四年大有年至於六年

五年修太公廟據碑

七年秋蝗知府李嘉樂親督官民捕之不爲災

十四年夏五月四日地震　秋七月大雨水傷稼

十五年春饑知縣張承燮販穀平糶以振之　秋淫雨

十六年夏五月大雨彌月傷稼　修縣志

十七年春三月隕霜殺桑及麥麥重秀不爲災

十八年安定鄉夏家莊宋印妻張氏進士繼賢孫女年百歲

二十八年修郡邑學宮

【民國】壽光縣志

崔亦文等纂

民國十七年（1928）稿本

紀年

歴代史册、本紀悉用編年、非獨竹書為然也、壽光數千年來、天時人事、其可喜可愕者、所在多有、舊志於嘉慶以前、采獲略備、茲復仍因紹續、庶一邑今昔之故實、不至湮沒云、

夏

帝相九年癸未、帝居於斟灌、

二十七年辛丑、寒浞使其子澆、帥師滅斟灌、

少康元年壬午、伯靡自鬲帥斟尋斟灌之師、以伐浞、

周

平王四十九年己未、紀人伐夷、

○隔開

凡有紀之年者皆隔開空一格

五十年庚申、紀裂繻之魯逆女○冬十月、伯姬歸於紀、紀子帛莒子
於密、
桓王四年乙丑、叔姬歸於紀、
十三年甲戌、夏齊侯鄭伯如紀、
十四年乙亥、夏四月、魯公會紀侯於成○冬紀侯朝於魯、
十六年丁丑、祭公逆王后於紀、
十七年戊寅、春紀姜歸於京師、
二十一年壬午、春二月、魯侯會紀侯鄭伯、
莊王二年丙辰、春正月丙辰、魯公會齊侯紀侯盟於黃、
四年戊子、齊侯遷紀郱鄑郚、

六年庚寅秋紀季以酅入於齊、

七年辛卯三月、紀伯姬卒、紀侯大去其國、六月乙丑、齊侯葬紀伯姬、

十五年己亥三月、紀叔姬歸於酅、

惠王十二年、丙辰二月、紀叔姬卒、

十三年丁巳八月、葬紀叔姬、

敬王四年乙酉、有彗星熒惑守虛期年滅、

赧王三十一年丁丑、雨血沾衣、

漢

高帝三年丁酉十一月、癸卯晦、日食在虛三度、

隔閒

五十年庚申、紀裂繻之魯逆女。冬十月、伯姬歸於紀、紀子帛莒子盟於密、

桓王四年乙丑、叔姬歸於紀、

十三年甲戌、夏齊侯鄭伯如紀、

十四年乙亥、夏四月、魯公會紀侯於成。冬紀侯朝於魯、

十六年丁丑、祭公逆王后於紀、

十七年戊寅、春紀姜歸於京師、

二十一年壬午、春二月、魯侯會紀侯鄭伯、

莊王二年丙辰、春正月、丙辰、魯公會齊侯紀侯盟於黃、

四年戊子、齊侯遷紀郱鄑郚

六年庚寅秋紀季以酅入於齊、

七年辛卯三月、紀伯姬卒、紀侯大去其國、六月乙丑、齊侯葬紀伯姬、

十五年己亥三月、紀叔姬歸於酅、

惠王十二年丙辰、二月、紀叔姬卒、

十三年丁巳八月、葬紀叔姬、

敬王四年乙酉、有彗星熒惑守虛期年滅、

赧王三十一年丁丑、雨血沾衣、

漢

高帝三年丁酉十一月、癸卯晦、日食在虛三度、

惠帝七年癸丑、春正月朔、日食於危、

文帝七年戊辰、冬十月戊戌、土水合於危、

後七年甲申、秋九月、有星孛於西方、其末指虛危、

十六年、封齊悼惠王子劉賢為菑川王、食三縣、都劇、

景帝中二年癸巳、置北海郡、壽光屬焉、

武帝元朔二年、封菑川懿王子劉錯為劇侯、賞為平望侯、胡為益都侯、

元狩元年、封菑川靖王子劉何為陸侯、

征和四年壬辰、春三月、帝耕於鉅定、

宣帝地節四年、封膠東戴王子劉光為樂望侯、

新莽天鳳元年甲戌秋七月、改劇為俞、

光武帝建武二年丙戌、封劉興為北海王、劉鯉為壽光侯、

三年丁亥、遣光祿大夫伏隆、拜據劇張步為東萊太守、步殺隆、

五年己丑、建威大將軍耿弇、大破張步兵、步奔還劇、帝自幸劇、步降、

章帝建初二年丁丑、封劉毅為平望侯、

安帝永初元年丁未、封壽光侯劉普為北海王、

元初二年乙卯、冬十一月、己亥、客星在虛危、

順帝建康元年、甲申、拜滕撫為九江尉、討東南群盜、

獻帝建安二十二年、丁酉、徐幹卒、墓在今濰縣地

魏

明帝青龍三年乙卯、春三月、隕石一、

景初二年戊午、遣司馬懿伐公孫淵、徙豐人於益城、

三年己未、冬十月癸巳、客星見於危、

晋

武帝泰[太]康元年、庚子、[illegible]初置東莞郡、劇屬焉、

太康八年丁未、夏四月、隕霜殺麥、

惠帝元康五年乙卯、夏大水、

十年庚申、置高密國、劇屬焉、

永寧元年、辛酉、秋七月、歲星守虛危、　冬十月、熒惑太白鬬於虛危、

元帝太興元年戊寅秋八月，蝗生，草盡、

三年庚辰夏四月壬辰，枉矢出危、

穆帝升平元年丁巳、苻秦以王猛為尚書左丞、

三年己未、苻秦以王猛為京兆尹、

帝奕太和四年己巳、苻秦遣王猛伐燕取洛陽、

簡文帝咸安二年、壬申、夏六月、苻秦以王猛為丞相、

孝武帝寧康三年、乙亥、秋七月、苻秦清河侯王猛卒、

十三年戊子、冬十一月、辰星入月在危、

安帝隆安三年、己亥、秋八月、慕容德陷廣固、殺龍驤將軍辟閭渾、

義熙二年、丙午冬十二月、月掩太白在危、

五年己酉、冬十二月、太白在虛危、

十四年戊午、春正月、王鎮惡拒夏、沈田子矯殺之、

宋

武帝永初二年、辛酉、春二月、赤烏六見北海、

二年壬戌、春二月、有星孛於虛危、

文帝元嘉七年、庚辰、秋八月、大水、

孝武帝大明三年、己亥、秋九月、嘉禾生、

明帝太始元年、乙巳、夏五月、己卯、白麞見、

元魏

宣帝永平三年、庚寅、夏五月、步屈蟲害棗花、　秋八月、虸蚄害稼、

明帝正光二年、辛丑夏四月甲辰、火土相犯於危、

孝靖帝元象元年、戊午、大水、蝦蟆鳴於樹上、

高齊（温公後齊）

天統元年、乙酉夏、六月庚申、彗星入於虚危、

隋

文帝開皇十四年、甲寅、冬十一月癸未、有星孛於虚危、

十六年丙辰、置閬邛縣、

唐

太宗、貞觀元年丁亥、春、置河南道、壽光屬焉、

三年乙丑閏五月戊寅、枉矢墜於虛危、

八年甲午、秋八月甲子、有星孛於虛危、

中宗神龍二年丙午、夏五月旱饑、

景龍元年丁未、夏大疫、冬十一月丙寅、太白熒惑合於虛危、

玄宗開元三年乙卯、夏紫蟲食苗、有鳥食之、

十四年乙丑、大有年、斗粟五錢、

天寶十五年丙申、夏五月、熒惑鎮星同在虛危、

德宗興元元年甲子、秋大蝗、

貞元元年乙丑、夏大旱、蝗食草木葉、畜毛皆盡、

憲宗十一年甲寅、冬十一月戊子、鎮星熒惑合於虛危、

大宗開成二年丁巳、夏六月蝗。秋、八月丁酉、彗星見於虛危、
昭宗乾寧三年丙辰有客星見於虛危、
後唐
潞王清泰三年丙申、秋九月己丑、彗星出虛危、
後漢
高祖乾祐元年戊申、秋七月蝝生、
趙宋
太祖開寶四年、癸酉、秋七月大水、
真宗大中祥符二年、己酉、秋七月大水、
仁宗慶曆六年、丙戌、春三月戊寅、地震。夏六月、壬戌、彗星出營室、
過危及虛、

皇祐五年癸巳三月乙丑、大風、海水溢、溺死人畜無算、

附宋黄庶和李子儀賑災詩并序

皇祐五年三月乙巳、齊大風、海水暴上、壽光千乘兩縣民數百家、被災而死者幾半、丞相平陽公、以同年子儀任賑之、以詩見寄、因而酬和、鹽民汲利家海陽、弃走末業田園蕪、天意似遣陽侯驅、卷水沃殺煎、海鑪怒濤百尺不及道、老幼十五其為魚、耕夫蠶婦來躊躇、百金不易陷與鋤、我公偃息哀其愚、掩埋尸骼賙恤孤、吾部子儀馳赤駒、口賚心惠人人嘘、日走百里嫌昳晡、不飲不食顏色癯、去時萬樹如束枯、田首緣暗紅紫疎、寄詩百言舉其麤、我愧安飽心如苴、

徽宗崇寧二年乙酉蝗、

三年丙戌旱、

高祖紹興十三年癸亥、秋有年、

寧宗嘉定三年庚午、大饑、

理宗紹定元年戊子冬十月丁巳、熒惑與填星合於虛、

元

成宗大德十一年丁未、大饑、

明

太祖洪武元年戊申、夏四月、置山東行中書省、立社稷山川壇、

二年己酉、春正月、詔免田租、冬十月、詔立學、設生員二十人、給其廩

膳、初置青州府、壽光屬焉、設税課局、

三年庚戌春三月、詔免田租、

五年壬子夏四月、詔行鄉飲酒禮、

七年甲寅、改行中書省為布政司、建養濟院、

八年乙卯春、立社學、建申明旌善二亭於各社、

十三年庚申春正月、詔免田租、二月舉賢良方正、

十五年壬戌夏四月、詔免田租、頒釋奠儀、來定生員廩膳月米

一石、

十八年乙丑、初歲貢生員、

十九年丙寅、大括田、

望日、行香於文廟、審戶口、

二十年丁卯，詔增廣生員，於府、令縣式之，始定風雲雷雨山
川壇儀。
二十九年丙子，立無祀鬼神壇。
三十一年戊寅，春正月，令民墾田。
成祖永樂十四年丙申，夏旱。
仁宗洪熙元年乙巳，夏四月旱蝗。
宣宗宣德二年丁未，定增廣生二十人。
八年癸丑，夏旱饑。
英宗正統二年丁巳，夏旱蝗。　增廩膳生膳夫二名。
九年甲子，夏旱。

膳、初置青州府、壽光屬焉、 設税課局、

三年庚戌春三月、詔免田租、

五年壬子夏四月、詔行鄉飲酒禮、

七年甲寅、改行中書省為布政司、 建養濟院、

八年乙卯春立社學、建申明旌善二亭於各社、

十三年庚申春正月、詔免田租、 二月舉賢良方正、

十五年壬戌、夏四月、詔免田租、 頒釋奠儀、來定生員廩膳月米、

二十年丁卯、增廣生員、

十九年丙寅、大誥[illegible]

二十四年辛未、初令有司朔望日、行香於文廟、 審戶口、

二十六年癸酉、頒大成樂器於府、令縣式之、　始定風雲雷雨山川壇儀、
二十九年丙子、立無祀鬼神壇、
三十一年戊寅、春正月、令民墾田、
成祖永樂十四年丙申、夏旱、
仁宗洪熙元年乙巳、夏四月旱蝗、
宣宗宣德二年丁未、定增廣生二十人、
八年癸丑、夏旱饑、
英宗正統二年丁巳、夏旱蝗、　增廪膳生膳夫二名、
九年甲子、夏旱、

景帝景泰七年丙子秋大水、

英宗天順元年丁丑大饑、

憲宗成化九年癸巳春三月大風晝晦、　大饑知府李昂發粟賑濟、

十四年戊戌、以劉珝為文淵閣大學士、

孝宗宏治三年庚戌、春三月、劉珝卒、

五年壬子春旱大饑、

世宗嘉靖二年癸未、秋七月、黑氣從西北來、晝晦、金鐵樹木有火光、

四年乙酉刑部尚書趙鑑致仕歸、

六年丁亥知縣李應春修聖廟

十年辛卯大成殿內黑草生

十二年癸己、蝗為災、冬十月初七日丙子夜星隕如雨、

十六年丁酉、趙鑑舉、

三十一年壬子冬大寒、無麥苗、知縣郭氏敬鑄文廟祭器、

三十四年乙卯知縣王文翰鑿學宮泮池、建名宦鄉賢祠於戟門左右、是年知縣衛來英重修文廟落成、

四十五年丙寅、罷馬頭役、惟徵銀解驛

穆宗隆慶二年戊辰秋七月大水、平地深數尺、知縣温純修明倫堂、

四年庚午春大饑、

神宗萬曆元年癸酉、免田租、

五年丁丑、夏五月十三日大風晝晦、發屋拔木、

七年己卯知縣劉克義修聖廟、

十四年丙戌春大括地

十五年丁亥、初行條編法、

十六年戊子冬初置學田、

十九年辛卯夏四月大雨雹有如盂者、

二十年癸巳夏四月大寒民有凍死者、

二十二年甲午春大饑食樹皮殆盡、

二十八年庚子秋八月大雨雹、　大疫、

三十二年甲辰知縣鄒佳鎮修聖廟、

三十五年丁未春大旱蝗、　秋有年、

四十一年癸丑海水溢潮踰百里壞民產無算、

四十三年乙卯旱蝗歲大饑人相食御史過庭訓賫部賑荒、

四十四年丙辰春大疫、　夏麥有秋　秋熟、

四十五年丁巳秋大蝗捕蝗三百石得充儒學生員、

四十六年戊午彗星見三月方滅、

四十七年己未有秋、　[illegible][illegible]、

四十八年庚申、秋八月大雨雹、

熹宗天啟元年辛酉、冬十月地震、

四年甲子、大括地、

懷宗崇禎二年己巳、詔裁主簿並訓導一員、覓孔有德卒標下五百人由境內大掠而東、秋大水、

三年庚午、蝗害稼、

七年甲戌、大蝗、食禾粟皆盡、

九年丙子、冬燠、臘月猶不著綿、

十三年庚辰、歲大饑、縣民張明鈗施粥賑、增賦、

十四年辛巳、知縣劉昇祚以甎城、縣民馮治運助千金、

十五年壬午、冬十月、太白經天、十二月、邑城陷、知縣李耿死之、

十六年癸未、舉人李汝英、癃遺蔭、

十七年甲申、春三月十七日大風晝晦、腥氣蒙蔽咫尺、莫辨、

莫辨流寇李自成陷京師、夏五月清兵討李自成平之、

清

世祖順治元年甲申、土寇亂、

二年乙酉、始置壈兵、令民薙髮、

四年丁亥、霪雨四十餘日、平地出泉、

五年戊子、詔墾荒田、禁民畜馬、及弓矢戈矛、

七年庚寅、大括田、

九年壬辰夏五月大水、

十二年乙未春、粟踴貴斗千錢、

十三年丙申、大饑、

十五年戊戌、大括地行田字邱法、 坵

十六年己亥、知縣王克生重修縣署

十八年辛丑秋、令納粟入監、

聖祖康熙元年壬寅、官軍征棲霞于七、令民解東征米五年、歲破之、 秋

八月、減科試、

二年癸卯、詔免練餉、 練 冬、改科場法、專以策論取士、

三年甲辰、春、停歲貢、裁儒學教諭、 冬、彗星見、

四年乙巳春、彗星復見、夏大旱、井泉竭、賑饑、免田賦、

五年丙午、旱、無麥苗、

六年丁未春、彗星見西方、海水溢、傷人畜、秋八月大雨雹、樹葉盡脫、

七年戊申、夏六月甲申、地大震、壞廬舍、壓死人畜、地裂出黑水、次日、酉訛言大水至、男女倉皇奔避、村落為空、秋七月、地又震、冬十月、詔免災傷田租之二、冬十一月、詔賑饑、復制藝取士法、修聖廟、

八年己酉、重修縣署、

九年庚戌春三月、詔賑饑、秋八月、發民夫築黃河堤、冬大寒、井水冰、人多凍死、

十年辛亥夏六月、貢砲車木、弛馬禁、

十一年壬子、蝗為災、詔選學行俱優者入監、

十三年甲寅、夏四月、隕霜殺麥、

十五年丙辰、四月、括地、五月、初税街房、每樓一間徵銀四錢、瓦

草房徵銀二錢、後不為例、初加徵官糧、有雜流而上、俱以官名、

每正一兩、加銀三錢、秋八月、減儒童額、仍科歳二試、以四名

為準、

〇十七年戊午、大旱、令捐納生員、

十八年己未、春大饑、民食草根木皮殆盡、發粟賑饑、詔免夏税

之二、知縣嚴胤肇修衙署、邑紳楊琮助巨貲、

十九年庚申、令捐納歳貢、冬十月、長星見、自西南亘東北、一月

方没、十一月復設教諭、

二十年辛酉、再税街房、依十五年數、樓加銀二錢、房加銀一錢、復儒童舊額、

二十一年、壬戌、停徵官户加糧、

二十三年、甲子、秋霪雨害稼、

二十五年丙寅、夏六月大雨浹旬、百川皆溢、

二十七年戊辰、夏五月大風發屋拔木、雲如靛自西北來、雨雹、

二十九年庚午、免田租、

三十年辛未、夏蝗為災、蝻生、修倉聖墓、

三十一年壬申、夏六月、大星如月、自西南流入東北、有聲如雷、
新學宮、建啟秘亭、
三十二年癸酉、春二月、大風、海水暴上六十里、壞田盧、溺人畜無算、
三十三年甲戌、知縣劉有成建啟秘亭、
三十四年乙亥、知縣劉有成修城隍廟、衙署、邑紳楊澄生李焓光、等助巨貲、
三十五年丙子、冬無雪、知縣劉有成請發庫帑修城、冬無雪、
三十六年丁丑、春饑、夏四月倉聖墓亭側瑞蓮生、冬大疫、
三十七年戊寅、春疫、夏四月麥秀雙歧、五月瑞蓮生、秋建善濟院、
八月安致遠修縣志成、
三十八年己卯、春大風、撼屋拔木、房屋傾、
三十九年庚辰、春正月大雷雨、樹介、
四十年辛巳、秋大水、

四十三年甲申、春大饑、詔免三年租、

四十四年乙酉、大有年、

四十六年丁亥、[illegible]大旱、

四十八年己丑夏蝗

五十年辛卯、知縣白質修聖廟、

五十一年壬辰、進雙穗瑞穀

五十二年癸巳、免續生丁賦、

五十四年乙未、夏大水、

五十五年丙申、春三月大風晝晦、

五十八年己亥、春二月麥瘴、

[illegible]

六十年辛丑、春大旱、[illegible]發粟借賑、

六十一年壬寅、春饑、發粟賑救、知縣吳暄重修聖廟、

世宗雍正二年甲辰夏四月大雨雹、發粟借賑、

三年乙巳春二月庚午日月合璧五星聚於娵訾、冬十二月癸酉、

黃河清、衆河皆清、

四年丙午春旱、夏五月雨有瑞蓮生南門外、詔各項人丁攤賦

入地畝[illegible]、增儒童入泮五名、共二十名、

六年戊申海水溢、水落巨魚出長六丈、

七年己酉秋建先農壇、八月慶雲見、

八年庚戌夏大雨、衆川合流、

九年辛卯、秋大水、改守備營、復設官臺場、兼管岡隄場、

十年壬子秋七月丁酉、慶雲見、

[illegible]

高宗乾隆元年丙辰春大赦、增生員廩膳銀、

四年己未夏五月、瑞蓮生西門外、

五年庚申、知縣謝鍠修明倫堂、

七年壬戌秋修聖廟、

十年乙丑、秋大雨、灞水決口屯田沙壓賦地一百三十七頃

八十餘畝、發粟賑饑、

十一年丙寅、知縣宮校讓請帑修灞河隄工、

十三年戊辰夏大水、發粟賑饑、

十四年己巳秋、海水溢、潮淹沿海地三十六頃八畝餘、

十六年辛未秋大水潮淹沿海地三十六頃八畝餘、免本年田租、

十七年壬申、詔免沿海等處荒地丁糧、知縣王椿創立同文書院、

十八年癸酉、秋八月、海水溢、邑紳煮粥賑饑、濬温泉、修縣署、

十九年甲戌、春、行鄉飲酒禮、秋七月嘉禾生、東鄉方呂等莊一穀雙歧者四十餘畝、

二十年乙亥、潮水災、詔免田租、知縣王椿修縣志成、

二十一年丙子、秋大水、知縣王椿發粟賑濟、　遠白

二十四年己卯、秋蚜蚄生、

二十五年庚辰、五月初一日晝晦、修文廟大成殿、

三十五年庚寅秋七月、二十七日、夜紅光竟天、八月、大風雨、海溢、傷民畜無算、

三十六年辛卯、秋大水傷禾、

三十七年壬辰、詔免田租、

三十八年癸巳、大旱、

三十九年甲午、蝗害稼、潮水災、詔免田租、 秋、壽張土寇王倫叛據臨清、聞東下、邑人大恐、

四十三年戊戌、海水大溢、居民多溺死、邑紳李琬施棺木、

四十六年辛丑秋、大水、詔緩徵、

四十七年壬寅、秋八月、初五日、風潮大作、海溢百餘里、溺死人畜無算、詔免田租、

四十九年甲辰、春旱、天雨土、 二月、初旬、歲星與太白合見西方

赤如火、

五十年乙巳、春月、太白入昴、大旱、 六月朔、五穀始播種、 秋七月、歲在奎、熒惑在天街、

五十一年丙午、元旦日有食之、 歲大饑、人相食、流亡關外者載道、四月疫、

五十二年丁未歲大熟、

五十五年辛亥、春三月十二日夜隕霜殺麥、後復生仍有秋、

五十七年壬子、大雨雹、

五十八年癸丑、海水溢、詔免田租、

五十九年甲寅、旱、詔免歷年逋賦、 知縣劉翰周修城垣衙署、

六十年乙卯、元旦日有食之、 春夏大旱、 秋蚜蚄生、

仁宗嘉慶元年丙辰、大赦、普免天下錢糧、 詔舉賢良方正、

二年丁巳、大有年、

三年戊午、冬十月、地震、

四年己未、知縣劉翰周修縣志成、

八年癸亥、春正月、大雨雪、

九年甲子、夏蝗、

十年乙丑、旱蝗、饑、

十二年丁卯、春二月、大風晝晦、

十四年己巳、春二月、大風晝晦、 知縣丁芳達修聖廟、

十七年壬申、元旦、北方有聲如雷、 春饑、 冬大寒、

十八年癸酉春大饑、夏彗星見、

二十四年己卯冬大雨、雪河水溢、

二十五年庚辰春大風 秋七月朔、雷震、

宣宗道光元年辛巳、詔免逋賦、大赦、夏六月朔、日月合璧、五星聯珠、八月大疫、 阮試廣學額共三十二名、

二年壬午春正月十六日大風雪、婚期有錯娶者、

三年癸未詔舉賢良方正、夏大水、 秋旱、

四年甲申夏五月大風、秋有年、

五年乙酉夏彗星見於東南方、

七年丁亥、春三月地震、星晝見、

九年己丑冬十月地震、

十四年甲午春隕霜殺麥、

十五年乙未歲祲、

十六年丙申、春饑、秋有年、

十七年丁酉、春饑、秋有年、

十八年戊戌、歲大祲、建節孝總坊於庠門外、

二十一年辛丑、春正月、大風雪、平地深數尺、路有凍死者、

二十三年癸卯、秋霪雨、冬彗星見於西南、長數丈、

二十四年甲辰、春正月、有星隕於城西、秋霪雨、

二十五年乙巳春正月、初[illegible]日月出自北方　二月海水溢、秋

[illegible]秋霪雨

二十六年丙午、春不雨、夏六月地震、　冬無雪、

二十八年戊申、夏大風雨、

三十年庚戌秋有年、

文宗咸豐元年辛亥、詔免逋賦、

二年壬子、春二月、髮逆起、此為捻匪擾東之原因、

三年癸丑春三月、地震、　諭鄉民團練、　罌粟弛禁收稅、

四年甲寅、知縣殷嘉樹修城、

五年乙卯、秋七月大水、洱水溢、　知縣傅巖修聖廟、

六年丙辰、秋旱、菽不實、

七年丁巳、夏旱蝗、秋大雨、瀰水決、歲饑、

九年己未、春旱麥苗枯、

十年庚申、知縣彭啟昆辦團練、邑孝廉夏與賢董其事、

十一年辛酉、春二月、捻匪至、秋八月、捻匪又至、邑人孫玉堂擊賊於鳳凰臺死之、

穆宗同治元年壬戌、秋、淄川劉德佩據城叛、縣境戒嚴、

二年癸亥、秋熟、

三年甲子、羊角溝北岸始通商、

四年乙丑、春正月、雷鳴、二月十三日夜、有三月並出、

五年丙寅，大有年。

六年丁卯，知縣吳樹聲創修北海書院。夏四月，捻匪復至。冬十一月，官軍擊捻於北湡諸村，大敗之。

八年己巳，春三月，北海書院落成。黑風自西來，晝晦。

九年庚午，春霖，水涸。秋大有年。

德宗光緒元年乙亥，秋七月大風五日，穀粒落地，有掃食者。詔舉孝廉方正。

二年丙子，春大旱，灕泉涸，至七月始雨。冬，設粥廠於天齊廟賑饑。

三年丁丑，春饑。夏四月初六日夜大雨雹，厚二寸，秀麥皆爛，樹葉如霜，擊死鳥雀徧地，越二日積陰尚有未消者。江廣義賑局委王福運、施懷珠來助賑。粟價昂，紅粱每斗京錢一百二十文。

五年己卯、夏雨雹、

六年庚辰、大有年、

七年辛巳、秋七月大雨、灞水決寒橋紙坊等莊、 疫 知縣吳邦治 邑紳李令 知縣何慶祥勸辦 倉積穀、

八年壬午、夏六月寒、 秋八月彗星見東方、 冬大雪、

九年癸未、冬燠、

十年甲申、夏五月、大風拔木、 冬無雪、

十二年丙戌、秋蝗害稼、 冬大雪、

十三年丁亥、春知縣吳邦治收買蝻子、

十四年戊子、夏五月地震、鄉民譌言寇至、紛紛逃竄、 秋七月大雨、

連旬諸河泛溢淹没田廬禾稼無算、八月大疫、縣民多遷居山西者、　登萊青道盛宣懷發賑銀一千兩、

十五年己丑春饑、設粥廠於同文書院、秋大雨害禾稼、瀰水決寒橋、登萊青道盛宣懷委員施賑、知縣吳邦治放倉穀、

十六年庚寅夏麥有秋、秋大雨十餘日、瀰河水決楊莊疊村、

重修聖廟、邑紳劉　知縣吳邦治修倉暨墓

十七年辛卯春三月十六日夜隕霜殺麥越數日芽苑生後不為災、　秋羊角溝商業移南岸、

十八年壬辰麥有秋、　夏六月蝗、知縣吳邦治督捕之、　秋大雨、

冬十月海水溢羊角溝商船漂没十餘艘、

十九年癸巳、夏四月雹、六月大風、重脩聖廟落成、修縣署大堂、

二十年甲午、夏麥有秋、知縣吳邦治諭鄉民團練、修倉聖墓東亭、

二十一年乙未、春二月大雪深尺許、夏五月旱、飛蝗過境、六月大雨害禾稼、院試廣學額共三十三名、

二十二年丙申、夏麥有秋、秋附郭梨園村穀禾一莖四穗、

二十三年丁酉、秋熟、冬大雪嚴寒、人有凍死者、

冬十一月、大雪、[illegible]雨、

二十四年戊戌、元旦日有食之、知縣田恂、遵辦昭信股票、夏四月、雷震、秋多雨、

二十五年己亥、夏麥有秋、知縣田恂、在校軍場檢閱民團、

二十六年庚子春、海水溢、太白晝見、火星入南斗、鄉[illegible]義和拳團匪入縣署、知縣田恂長避之、秋大水、蝗害稼、

二十七年辛丑夏、麥有秋、六月、狂風作、大木斯拔、秋、霪雨傷禾稼、牆屋傾頹、潮水溢、科舉廢制藝、以策論取士、

二十八年壬寅、夏六月疫、

二十九年癸卯、夏五月、風雨雹、秋熟、海濱湧巨魚、長三丈餘、

三十年甲辰、夏麥有秋、秋七月寒、初行銅圓、知縣陳毓崧修衙署、[illegible]倉、聖墓、[illegible]學、

三十一年乙巳、夏蝗生、科舉停、知縣范鎧就北海書院立高等小學堂、設鄉校、禁種罌粟、

三十二年丙午、夏閏四月、縣立高等小學堂東廡火、麥有秋、

初設巡警、

三十三年丁未夏麥有秋、初設縣視學、修鄉土志、

三十四年戊申春旱饑、秋七月大雨水溢、熒惑守南斗、

宣統帝元年己酉春旱饑、夏五月初投票選諮議局議員、蚜

蚄生、冬初設自治籌備公所、知縣姜迺升設昌言廳、

二年庚戌春隕霜殺麥、調查戶口、秋白虹貫日、下級自治會西城鎮區

自治會成立、設戒煙局、

三年辛亥夏四月寒、上級縣議會成立、鄉區下級自治會成立、冬除夜大雨、

水盈尺、清帝遜位改共和、

中華民國元年壬子春三月朔夜有黑氣東西長竟天、奉令男子剪髮。

辦國會省會議員初選舉、上級自治會改選、

二年癸丑、秋多雨、修城垣、調查戶口、始行銀幣、冬十月、麥有秀者、上下級自治皆撤銷、

三年甲寅、夏旱、秋大雨、穀禾在野糜爛、瀰水決寒橋口、百餘丈、海水溢羊角溝、損商船百餘艘、山東賑務督辦呂海寰發款修隄濟南紅十字會會長張克亮施賑、納內國公債、

四年乙卯、夏六月、風雨暴作、禾偃木拔、瀰水溢、太白晝見、

五年丙辰、秋蟲害稼、陸軍第五師輜重營來駐防、冬修城垣、設清賦局、旋廢、按地丁銀派銷食鹽、納內國公債、

六年丁巳夏四月盛暑人有暍死者、秋飛蝗自西南來數日始

盡、辦國會省會議員初選舉、修溫泉、歐洲招華工應募者數千人、

七年戊午秋七月飛蝗蔽天、八月海匪據羊角溝官軍擊退

之、九月疫、辦清鄉、

八年己未春正月杏花開、夏旱豆苗枯、秋蝗、髮網工業盛

行、納內國公債、

九年庚申歲有秋、辦國會省會議員初選舉、

十年辛酉秋八月既望晡時日光赤如血五日、

十一年壬戌春旱、夏五月雷電大風發屋拔木、

十二年癸亥秋雹、納本省河工公債、

十三年甲子、夏大旱、六月、夜有赤光如龍、自東南流入西北、辦清鄉、初級中學始建設、

十四年乙丑春旱、夏麥歉收、糧價奇昂、麥每石甬七百餘文、根每石五百餘文、紅納軍事特捐、

十五年丙寅、春旱、瀰水涸數日、夏六月暴雨、瀰水決楊莊丹水決西稻田、修城垣、辦清鄉、田房契登記、秋疫、供陸軍米草、冬大雨雪、撥民夫五百人修小清河、納軍務善後公債、

十六年丁卯、春旱、夏酷暑、納軍事特捐、每正銀一兩征銀幣八元、[illegible]、冬十一月[illegible]、弛罌粟禁、

宋憲章修　鄒允中、崔亦文纂

【民國】壽光縣志

民國二十五年(1936)鉛印本

壽光縣志卷之十五

大事記

劉志編年表列食貨門凡歷代災祥政事非不詳備而非食貨標目所能賅茲特立大事記一門分爲編年紀事二類原表仍舊百餘年來之豐歉治亂依時增補仍列編年凡事蹟有宜詳者則仿袁樞通鑑紀事本末體列入紀事夫少康中興以斟灌餘燼而圖存紀侯大去以強齊逼處而亡國一興一廢莫非自召而春秋大九世之讎且藉齊紀以發明大義千載而下憑弔故墟有不引爲殷鑑磨礪以須者乎至歷代縣境兵禍近世地方大故幷著於篇

俾後之人有考焉

編年

夏

帝相九年癸未帝居於斟灌

二十七年辛丑寒浞使其子澆帥師滅斟灌

少康元年壬午伯靡自鬲帥斟尋斟灌之師以伐浞

周

平王四十九年己未紀人伐夷

五十年庚申紀裂繻之魯逆女　冬十月伯姬歸於紀　紀子帛

莒子盟於密

桓王四年乙丑叔姬歸於紀

十三年甲戌夏齊侯鄭伯如紀

十四年乙亥夏四月魯公會紀侯於成　冬紀侯朝於魯

十六年丁丑祭公逆王后於紀

十七年戊寅春紀姜歸於京師

二十一年壬午春二月魯侯會紀侯鄭伯

莊王二年丙辰春正月丙辰魯公會齊侯紀侯盟於黄

四年戊子齊侯遷紀郱鄑郚

六年庚寅秋紀季以酅入於齊

七年辛卯春三月紀伯姬卒紀侯大去其國　夏六月乙丑齊侯葬紀伯姬

十五年己亥春三月紀叔姬歸於酅

惠王十二年丙辰春二月紀叔姬卒

十三年丁巳秋八月葬紀叔姬即魯莊公三十年

敬王四年乙酉有彗星熒惑守虛期年滅

赧王三十一年丁丑雨血沾衣

漢

高帝三年丁酉冬十一月癸卯晦日食在虚三度

惠帝七年癸丑春正月朔日食於危

文帝七年戊辰冬十月戊戌土水合於危

後七年甲申秋九月有星孛於西方其末指虚危

十六年封齊悼惠王子劉賢爲菑川王食三縣都劇

景帝中二年癸巳置北海郡壽光屬焉

武帝元朔二年封菑川懿王子劉錯爲劇侯賞爲平望侯胡爲益都侯

元狩元年封菑川靖王子劉何爲陸侯

征和四年壬辰春三月帝耕於鉅定

宣帝地節四年封膠東戴王子劉光爲樂望侯

新莽天鳳元年甲戌秋七月改劇爲俞

光武帝建武二年丙戌封劉興爲北海王劉鯉爲壽光侯

三年丁亥遣光祿大夫伏隆使齊拜張步爲東萊太守步殺隆

五年己丑建威大將軍耿弇大破張步兵步奔還劇帝自幸劇步降

章帝建初二年丁丑封劉毅爲平望侯

安帝永初元年丁未封壽光侯劉普爲北海王

元初二年乙卯冬十一月己亥客星在虛危

順帝建康元年甲申拜滕撫爲九江尉討東南羣盜

獻帝建安二十二年丁酉徐幹卒葬在今濰縣地

魏

明帝青龍三年乙卯春三月隕石一

正始元年置南豐縣徙遼東北豐人於此即今豐城

三年己未冬十月癸巳客星見於危

晉

武帝太康元年庚子初置東莞郡劇屬焉

太康八年丁未夏四月隕霜殺麥

惠帝元康五年乙卯夏大水

十年庚申置高密國劇屬焉

永寧元年辛酉秋七月歲星守虛危　冬十月熒惑太白鬥於虛
危

元帝太興元年戊寅秋八月蝗食生草盡

三年庚辰夏四月壬辰枉矢出危

穆帝升平元年丁巳苻秦以王猛爲尚書左丞

三年己未苻秦以王猛爲京兆尹

帝奕太和四年己巳苻秦遣王猛伐燕取洛陽

簡文帝咸安二年壬申夏六月苻秦以王猛爲丞相

孝武帝寧康三年乙亥秋七月苻秦清河侯王猛卒

十三年戊子冬十一月辰星入月在危

安帝隆安三年己亥秋八月慕容德陷廣固殺龍驤將軍辟閭渾

義熙二年丙午冬十二月月掩太白在危

五年己酉冬十二月太白犯虛危

十四年戊午春正月王鎮惡帥師拒夏沈田子矯殺之

劉宋

武帝永初二年辛酉春二月赤烏六見北海

二年壬戌春二月有星孛於虛危

文帝元嘉七年庚辰秋八月大水

孝武帝大明三年己亥秋九月嘉禾生

明帝太始元年乙巳夏五月己卯白麞見

元魏

宣帝永平三年庚寅夏五月步屈蟲害棗花　秋八月蚜蝻害稼

明帝正光二年辛丑夏四月甲辰火土相犯於危

孝靖帝元象元年戊午大水蝦蟆鳴於樹上

高齊

溫公天統元年乙酉夏六月庚申彗星入於虛危

隋

文帝開皇十四年甲寅冬十一月癸未有星孛於虛危

十六年丙辰置閬邱縣

唐

太宗貞觀元年丁亥春置河南道壽光屬焉

三年乙丑閏五月戊寅枉矢墜於虛危

八年甲午秋八月甲子有星孛於虛危

中宗神龍二年丙午夏五月旱饑

景龍元年丁未夏大疫　冬十一月丙寅太白熒惑合於虛危

玄宗開元三年乙卯夏紫蟲害苗有鳥食之

十三年乙丑大有年斗粟五錢

天寶十五年丙申夏五月熒惑塡星同在虛危

德宗興元元年甲子秋大蝗

貞元元年乙丑夏大旱蝗食草木葉畜毛皆盡

憲宗十一年甲寅冬十一月戊子塡星熒惑合於虛危

文宗開成二年丁巳夏六月蝗　秋八月丁酉彗星見於虛危

昭宗乾寧三年丙辰有客星見於虛危

後唐

潞王清泰三年丙申秋九月己丑彗星出虛危

後漢

高祖乾祐元年戊申秋七月蝝生

宋

太祖開寶四年癸酉秋七月大水

眞宗大中祥符二年己酉秋七月大水

仁宗慶曆六年丙戌春三月戊寅地震　夏六月壬戌彗星出營

室過危及虛

皇祐五年癸巳春三月乙丑大風海水溢溺死人畜無算

宋黃庶和李子儀賑災詩并序

皇祐五年三月乙巳齊大風海水暴上壽光千乘兩縣民數百家被災而死者幾半丞相平陽公以同年李子儀往賑之以詩見寄因而酬和齊民汲利家海隅奔走末業田園蕪天意似遣陽侯驅卷水沃殺煎海鹽怒濤百尺不及逋老幼十五俱爲魚耕夫蠶婦來蹐躋百金不易箔與鋤我公假息哀其愚掩埋尸骼賙惸孤吾鄙子儀馳赤駒口宣公惠人人噓日走百里嫌联

哺不飲不食顏色癯去時萬樹如束枯囘首綠暗紅紫疏寄詩
百言舉其饑我愧安飽心如苴
徽宗崇寧二年乙酉蝗
三年丙戌旱
政和五年乙未贈公孫丑爲壽光伯
高祖紹興十三年癸亥秋有年
寧宗嘉定三年庚午大饑
理宗紹定元年戊子冬十月丁巳熒惑與塡星合於虛
元

成宗大德十一年丁未大饑

明

太祖洪武元年戊申夏四月置山東行中書省　立社稷山川壇

二年己酉春正月詔免田租初置青州府壽光屬焉　設稅課局

三年庚戌春三月詔行科舉　六月蝗　冬十月詔立學額設生員二十人給其廩膳

五年壬子夏四月詔行鄉飲酒禮

七年甲寅改行中書省爲布政司　建養濟院

八年乙卯春立社學建申明旌善二亭於各社

十三年庚申春正月詔免田租　二月舉賢良方正

十五年壬戌夏四月詔免田租　頒釋奠儀定生員廪膳月米一

石　置僧會道會二司

十八年乙丑立陰陽學　詔免田租

十九年丙寅大括田

二十年丁卯詔增廣生員不拘額

二十一年戊辰令縣三年一考貢

二十四年辛未令有司朔望謁聖廟並集諸生於明倫堂講學

二十五年壬申令縣歲貢一人

二十六年癸酉頒大成樂器於府令縣式之　始定風雲雷雨山川壇儀

二十九年丙子立無祀鬼神壇

三十一年戊寅春正月令民墾田

成祖永樂十四年丙申夏旱　詔免洪武十二年逋賦

仁宗洪熙元年乙巳夏四月旱蝗　詔免田租之半

宣宗宣德二年丁未令錄取文童額定爲二十人

八年癸丑夏旱饑　詔免田租

英宗正統二年丁巳夏旱蝗　令學署增廩膳生膳夫一名

九年甲子夏旱　詔免田租

景帝景泰七年丙子秋大水　詔免被災田賦

英宗天順元年丁丑大饑遣使振之

憲宗成化九年癸巳春三月大風　歲饑知府李昂發粟賑濟

十四年戊戌以劉珝爲文淵閣大學士　詔免被災田賦

二十一年乙巳太子太保兼謹身殿大學士劉珝致仕歸

孝宗宏治三年庚戌春三月劉珝卒

五年壬子春旱大饑

世宗嘉靖二年癸未以趙鑑爲刑部尚書　詔免田租之半

五年丙戌刑部尚書趙鑑致仕歸　頒御製敬一箴於學宮

六年丁亥知縣李應春修聖廟　冬大雪

十年辛卯大成殿內異草生

十二年癸巳蝗爲災　冬十月初七日丙子夜星隕如雨

十六年丁酉七月趙鑑卒

二十年辛丑四月太常寺卿劉鈗卒

三十一年壬子冬大寒無麥苗　知縣郭民敬鑄文廟祭器

三十四年乙卯知縣王文翰鑿學宮泮池建名宦鄉賢祠於戟門左右是年知縣衛東英踵修聖廟落成　詔免被災田賦

四十五年丙寅罷馬頭役惟徵銀解驛　詔免逋賦

穆宗隆慶二年戊辰秋七月大水平地深數尺　知縣溫純修明倫堂

四年庚午春大饑

神宗萬曆元年癸酉免田租

五年丁丑夏五月十三日大風晝晦發屋拔木

七年己卯知縣劉克義修聖廟

十四年丙戌春大括地

十五年丁亥初行條編法　秋八月隕霜

十六年戊子冬初置學田　詔免是年被災夏稅

十九年辛卯夏四月大雨雹有如盂者

二十一年癸巳夏四月大寒民有凍死者

二十二年甲午春大饑食樹皮殆盡　秋發粟振饑

二十八年庚子秋八月大雨　詔舉民間九十以上有學行者

三十二年甲辰知縣郭佳鎮修聖廟

三十五年丁未春大旱蝗　秋有年

四十一年癸丑海水溢潮踰百里壞民產無算

四十三年乙卯旱蝗歲大饑人相食御史過庭訓齎帑賑荒

四十四年丙辰春大疫　夏麥有秋　大熟

四十五年丁巳秋蝗災令捕蝗三百石者得充儒學生員

四十六年戊午彗星見三月方滅　增田賦

四十七年己未有秋　再增田賦

四十八年庚申秋八月大雨雹　復增田賦

熹宗天啓元年辛酉冬十月地震

四年甲子大括地

懷宗崇禎二年己巳詔裁主簿並訓導一員　夏孔有德率標下五百人由境內大掠而東　秋大水

三年庚午蝗害稼

七年甲戌蝗食禾黍皆盡歲不登

九年丙子冬煖臘月猶不著綿　地震

十三年庚辰歲大饑縣民張明銃施粥賑　增田賦

十四年辛巳知縣劉昇祚甃甎城縣民馮治運助千金

十五年壬午冬十月太白經天　十二月邑城陷知縣李耿死之

十六年癸未春民死兵燹者衆舉人李汝英瘗遺骸

十七年甲申春三月十七日大風晝晦腥氣蒙蔽咫尺莫辨　流

寇李自成陷京師　夏五月滿兵討李自成平之

清

世祖順治元年甲申土寇亂

二年乙酉始置塘兵　令民薙髮　定歲貢之制二年一人

四年丁亥秋霪雨四十餘日平地出泉

五年戊子詔豁荒田　禁民畜馬及弓矢戈矛

七年庚寅大括田

九年壬辰夏五月大水　詔振卹士民　刊臥碑於學宮

十二年乙未春粟踊貴斗千錢

十三年丙申大饑　詔免順治八年九年逋賦

十五年戊戌大括地行田字坵法

十六年己亥知縣王克生重修縣署

十八年辛丑秋令納粟入監　改歲貢之制三年一人

聖祖康熙元年壬寅官軍征棲霞于七令民解東征米豆半歲破之　秋八月減科試　裁廩膳銀三分之二

二年癸卯詔免練餉　冬改科場法專以策論取士

三年甲辰春停歲貢裁儒學教諭　冬彗星見

四年乙巳春彗星復見　夏大旱井泉竭賑饑免田賦

五年丙午旱無麥苗

六年丁未春彗星見西方　海水溢傷人畜　秋八月大雨雹樹葉盡脱

七年戊申夏六月甲申地大震壞廬舍壓死人畜地裂出黑水次日訛言大水至男女倉皇奔避村落爲空　秋七月地又震　冬十月詔免災傷田租之二　十一月詔賑饑　復制藝取士法

修聖廟

八年己酉重修縣署

九年庚戌春三月詔賑饑　秋八月發民夫築黄河隄　冬大寒井水冰人多凍死

十年辛亥夏六月貢砲車木　弛馬禁　詔免逋賦
十一年壬子蝗爲災　詔選學行俱優者入國子監
十三年甲寅夏四月隕霜殺麥
十五年丙辰夏四月括地　五月初稅街房每樓一間徵銀四錢瓦草房徵銀二錢後不爲例　初加徵官糧自雜流而上俱以官戶名每正供一兩加銀三錢　秋八月詔科歲二試減儒童額
十七年戊午大旱令捐納生員　詔舉博學鴻詞
十八年己未春大饑民食草根木皮殆盡　發粟賑饑詔免夏稅之二　知縣嚴胤肇修衙署邑紳楊琮捐巨貲

十九年庚申令捐納歲貢　冬十月長星見自西南亘東北一月方沒　十一月復設教諭

二十年辛酉再税街房依十五年數樓加銀二錢房加銀一錢復儒童舊額科歲試取十五名

二十一年壬戌停徵官戶加耗

二十三年甲子秋霪雨害稼

二十五年丙寅夏六月大雨浹旬百川皆溢　頒先師孔子贊

二十七年戊辰夏五月大風發屋拔木雲如靛自西北來雨雹

二十九年庚午免田租

三十年辛未夏蝗爲災　蝻生　修倉聖墓

三十一年壬申夏六月大星如月自西南流入東北有聲如雷

三十二年癸酉春二月大風海水暴上六十里壞田廬溺人畜無算

三十三年甲戌知縣劉有成建啓祕亭

三十四年乙亥知縣劉有成修城隍廟暨衙署邑紳楊澄生李紿光等助巨貲

三十五年丙子知縣劉有成請發庫帑修城　冬無雪

三十六年丁丑春饑　夏五月修倉聖墓　啓祕亭側瑞蓮生

冬大疫

三十七年戊寅春疫　夏四月麥秀雙歧　五月瑞蓮生　秋建養濟院重建八蜡祠　八月安致遠修縣志成　詔振䘏貧民

三十八年乙卯春大風撼屋拔木房舍傾

三十九年庚辰春正月大雷雨樹介

四十年辛巳秋大水

四十三年甲申春大饑詔免三年租　秋遣使振濟

四十四年乙酉大有年

四十六年丁亥大旱　詔免康熙四十二年逋賦

四十八年己丑夏蝗

五十年辛卯知縣白質修聖廟　夏五月大風飛石拔木

五十一年壬辰進雙穗瑞穀　詔免歷年逋賦

五十二年癸巳免續生丁賦丁銀以五十年爲常額

五十四年乙未夏大水

五十五年丙申春三月大風晝晦

五十八年己亥春二月麥疸　秋霪雨害稼

六十年辛丑春大旱發粟借賑

六十一年壬寅春饑發粟賑救　知縣吳暄重修聖廟

世宗雍正二年甲辰夏四月大雨雹發粟借賑　免被災田賦

三年乙巳春二月庚午日月合璧五星聚於陬訾　冬十二月癸酉黃河清衆河皆清　頒聖諭廣訓於學宫

四年丙午春旱　夏五月雨有瑞蓮生南門外　詔各項人丁賦攤入地畝　知縣何世華詳准院試錄取文童以二十名爲定額

六年戊申海水溢水落巨魚出長六丈

七年己酉秋建先農壇　八月慶雲見

八年庚戌夏大雨衆川合流

九年辛卯秋大水　改守備營　復設官臺場兼管固隄場

十年壬子秋七月丁酉慶雲見

高宗乾隆元年丙辰春大赦　增廩生膳銀　裁瓜果稅

四年己未夏五月瑞蓮生西門外

五年庚申知縣謝鍠修明倫堂　頒欽定四書文至儒學

七年壬戌秋修聖廟　頒學政全書

十年乙丑秋大雨瀰水決口屯田沙壓賦地一百三十七頃八十

餘畝　發粟振饑

十一年丙寅知縣宮懋讓請帑修瀰河隄

十三年戊辰夏大水發粟振荒自去年八月不雨至是年五月丁未始雨連月不止

十四年己巳秋海水溢　府穀歸縣曰府穀倉　定大成殿樂舞生制

十六年辛未秋大水潮淹沿海地三十六頃八畝餘　免本年田租

十七年壬申詔免沿海等處荒地丁糧　知縣王椿創立同文書院於倉聖墓前

十八年癸酉秋八月海水溢邑紳煮粥振饑　濬溫泉　修縣署

十九年甲戌春行鄉飲酒禮　秋七月嘉禾生東鄉方呂等莊一穀雙歧者十餘畝

二十年乙亥潮水爲災免田租　知縣王椿修縣志成

二十一年丙子秋大水發粟振濟　行鄉飲酒禮

二十四年己卯秋蝦蝻生　頒大清律例

二十五年庚辰五月初一日晝晦　修文廟大成殿

三十五年庚寅秋七月二十七日夜紅光竟天　八月大風雨海溢傷人畜無算

三十六年辛卯秋大水傷禾

三十七年壬辰詔免田租

三十八年癸巳大旱

三十九年甲午蝗害稼潮水爲災免田租　秋壽張土寇王倫叛

據臨清邑人聞東下大恐

四十三年戊戌海水溢人多溺死者

四十六年辛丑秋大水詔緩徵

四十七年壬寅秋八月初五日風潮大作海火溢百餘里溺死人

畜無算邑人李琬施棺木瘞爲叢塚　詔免田租

四十九年甲辰春正月大風雨雨如泥　二月歲星與太白昏見

西方赤如火

五十年乙巳春大旱　六月朔五穀始播種　浙江溫處兵備道

李琬輿千叟宴　秋七月歲在奎熒惑在天街

五十一年丙午元旦日有食之　歲大饑人相食流亡關外者載

道　四月疫

五十二年丁未歲大熟　御書福字賜湖北巡撫李封

五十五年辛亥春三月十二日夜隕霜殺麥後復生仍有秋

五十七年壬子大雨雹　隋長祥夫婦同壽奉旨建坊

五十八年癸丑海水溢詔免田租

五十九年甲寅旱詔免歷年逋賦　知縣劉翰周修城垣衙署

六十年乙卯元旦日有食之　春夏大旱　秋蝦蝻生

仁宗嘉慶元年丙辰大赦普免天下錢糧　詔舉賢良方正　湖北巡撫李封輿千叟宴

二年丁巳大有年

三年戊午冬十月地震

四年己未知縣劉翰周修縣志成

八年癸亥春正月大雨雪

九年甲子夏蝗

十年乙丑旱蝗饑

十四年己巳春二月大風晝晦　知縣丁芳達修聖廟

十七年壬申元旦北方有聲如雷　春饑　冬大寒

十八年癸酉春大饑　夏彗星見　李忭夫婦壽逾百齡奉旨建坊

二十四年己卯冬大雨河水溢

二十五年庚辰春大風　秋七月朔雷震

宣宗道光元年辛巳詔免逋賦大赦　夏六月朔日月合璧五星聯珠　八月大疫　院試廣學額共三十一名

二年壬午春正月二十六日大風雪婚期有錯娶者

三年癸未詔舉賢良方正　夏大水　秋旱

四年甲申夏五月大風　秋有年

五年乙酉夏彗星見於東南方

七年丁亥春三月地震　星晝見

九年己丑冬十月地震

十四年甲午春隕霜殺麥

十五年乙未歲祲

十六年丙申春饑　秋有年

十七年丁酉春饑　秋有年

十八年戊戌歲祲　建節孝總坊於庠門外

二十一年辛丑春正月大風雪平地深數尺路有凍死者

二十三年癸卯秋霪雨　冬彗星見於西南長數十丈

二十四年甲辰春正月有星隕於城西　秋霪雨

二十五年乙巳春正月初六日月出自北方　二月海水溢　秋霪雨

二十六年丙午春不雨　夏六月地震　冬無雪

二十八年戊申夏大風雨　歲歉

三十年庚戌秋大熟　呂振清夫婦壽逾百齡奉旨建坊

文宗咸豐元年辛亥詔免逋賦

二年壬子春二月髮逆起縣境無恙

三年癸丑春三月地震　糶粟弛禁收稅

四年甲寅知縣殷嘉樹修城諭鄉民團練

五年乙卯秋七月大雨瀰水溢　知縣傅巖修聖廟

六年丙辰秋旱歲不實

七年丁巳夏旱蝗　秋大雨瀰水決　歲饑

九年己未春旱麥苗枯

十年庚申知縣彭啓昆辦團練邑孝廉夏與賢董其事

十一年辛酉春二月捻匪至　秋八月捻匪又至邑人孫玉堂擊

賊於鳳凰臺死之　各鄉辦團練修圩堡

穆宗同治元年壬戌秋淄川劉德佩據城叛縣境戒嚴

二年癸亥秋熟

三年甲子羊角溝北岸老坨子始通商

四年乙丑春正月雷鳴　二月十三日夜有三月並出

五年丙寅大有年　糧價賤

六年丁卯知縣吳樹聲創修北海書院　夏四月捻匪復至　冬十一月官軍劉銘傳擊捻於北馮村東深谷中大敗之東捻平

八年己巳春三月北海書院落成　黑風自西來晝晦

九年庚午濰水涸　秋有年

德宗光緒元年乙亥秋七月穀熟未割大風五日粒委地貧者掃食之　詔舉孝廉方正

二年丙子春大旱濰水涸至七月始雨　冬知縣胡楚設粥廠於西關天齊廟賑饑

三年丁丑春大饑　夏四月初六日大雨雹厚三寸麥穗糜爛樹葉如霜樯擊死鳥雀蔽地越二日積陰尚有未消者　人民食草根樹皮殆盡　江廣義賑局盛宣懷委王福運施懷珠來施賑全活者甚衆　糧價昂紅粱每斗十五第京錢一千八百文　秋有年

五年己卯夏雨雹

六年庚辰夏六月彗星見北方十餘日始滅　秋大熟

七年辛巳秋七月大雨溺水決寒橋紙房等莊　知縣何慶祥勸民積穀

八年壬午夏六月寒　秋八月彗星見東方　冬大雪

九年癸未冬燠

十年甲申夏五月大風拔木　冬無雪

十二年丙戌秋蝗害稼　冬大雪

十三年丁亥春知縣吳邦治收買蝻子

十四年戊子夏五月地震鄉民譌言寇至紛紛逃竄　秋七月大
雨連旬諸河泛溢淹沒田廬禾稼無算　八月大疫　縣民多遷
居山西者　登萊青道盛宣懷發賑銀一千兩施賑
十五年己丑春饑設粥廠於同文書院　秋大雨害禾稼　瀰水
決寒橋　登萊青道盛宣懷復施賑　知縣吳邦治放倉穀
十六年庚寅夏麥有秋　秋大雨十餘日瀰水決楊莊壘村　知
縣吳邦治重修聖廟暨倉聖墓
十七年辛卯春三月十六日夜隕霜殺麥越數日萌芽生後不爲
災　秋羊角溝移南岸

十八年壬辰麥有秋　夏六月蝗知縣吳邦治督捕之　秋大雨

冬十月海水溢羊角溝商船漂沒十餘艘

十九年癸巳夏四月雹　六月大風　重修聖廟落成　修縣署

大堂

二十年甲午夏麥有秋　知縣吳邦治諭鄉民團練　修倉聖墓

東亭

二十一年乙未春二月大雪深尺許　夏五月旱飛蝗過境　六

月大雨害禾稼　院試廣學額共三十三名

二十二年丙申夏麥有秋　秋附郭梨園村穀禾一莖四穗　冬

十一月大雪　糧價賤（麥豆每斗京錢一千文紅粱穀子每斗京錢六七百文不等）

二十三年丁酉秋熟　冬大雪嚴寒人有凍死者

二十四年戊戌元旦日有食之　知縣田恂勸富紳購昭信股票

夏四月雷震　秋霪雨

二十五年己亥夏麥有秋　知縣田恂在城外校軍場閱民團

二十六年庚子春海水溢　太白晝見　火星入南斗　鄉閭義和拳匪入縣署知縣田恂畏避之　秋大水蝗害稼

二十七年辛丑夏麥有秋　六月狂風作大木斯拔　秋霪雨傷禾稼牆屋傾頹瀰水溢　詔科場廢制藝以策論取士

二十八年壬寅夏六月疫

二十九年癸卯夏五月風雨雹　秋熟　羊角溝海濱湧巨魚長三丈餘

三十年甲辰夏麥有秋　秋七月寒　初行銅圓（按七折成）　知縣陳毓崧修衙署　倉聖墓西亭圓門閘津橋皆修之

三十一年乙巳夏蝗生　科舉廢　知縣范鍜就北海書院立高等小學堂勸立鄉校　禁種罌粟

三十二年丙午夏閏四月縣立高等小學堂東廡火　麥有秋　初設巡警局　設巡警教練所

三十三年丁未夏麥有秋　初設縣視學　知縣金猷大奉令修鄉土志

三十四年戊申春旱饑　秋七月大雨瀰水溢　熒惑守南斗

宣統帝元年己酉春旱饑　夏五月初投票選諮議局議員　蚜蝝生　秋提學司試士於濟南選拔貢生　冬初設自治籌備公所　知縣姜迺升設昌言匭

二年庚戌春隕霜殺麥　調查戶口　秋白虹貫日　下級城鎮兩區自治會成立　設戒煙局　清丈普濟堂地畝糧折穀爲錢

三年辛亥夏四月寒　縣參議會暨鄉區下級自治會成立　冬

十二月清帝遜位改共和　除夕大雨至元旦不止水盈尺

中華民國元年壬子春三月朔夜有黑氣東西長竟天　通令禁男子蓄髮辮　辦國會省議會議員初選舉　上級自治會改選

二年癸丑縣知事徐德潤令民間田房文契無論已稅未稅皆投驗境内騷然　修城垣　兩級自治皆撤銷　冬麥有秀者

三年甲寅夏旱　秋大雨穀禾在野糜爛　瀰水決寒橋百餘丈海水溢羊角溝損商船百餘艘　山東賑務督辦呂海寰撥款修寒橋隄　濟南紅十字分會會長張克亮施振　納内國公債

日本攻德人占青島及膠濟鐵路

四年乙卯夏六月風雨暴作禾偃木拔　瀰水溢　太白晝見

五年丙辰秋蟲害稼　陸軍第五師輜重營來駐防　冬修城垣

設清賦局旋廢　督銷局按地丁銀派鹽　納內國公債

六年丁巳夏四月酷暑人有暍死者　秋飛蝗自西南來數日始

盡　辦國會省議會議員初選舉　修溫泉　歐洲招華工應募

者數千人　始行銀幣

七年戊午秋七月飛蝗蔽天　八月海匪據羊角溝官軍擊退之

九月疫　辦清鄉

八年己未春正月杏花開　夏旱豆苗枯　秋蝗　髮網工業盛

行　納內國公債

九年庚申歲有秋　辦國會省議會議員初選舉

十年辛酉秋八月既望晡時日光赤如血五日

十一年壬戌春旱　夏五月雷雹大風發屋拔木　匪患熾　縣

知事李書田編制保安隊

十二年癸亥秋雹　納本省河工公債　日本交還青島及膠濟

鐵路於中國

十三年甲子夏大旱　六月夜有赤光如龍自東南入西北　辦

清鄉　縣知事鄒允中建初級中學校舍

十四年乙丑春旱　夏麥歉收糧價奇昂麥豆每斗銅元十三千文有奇紅粱穀子每斗銅元八九千文不等　納軍事特捐

十五年丙寅春旱瀰水涸數日　夏六月暴雨瀰水決楊莊丹水決西稻田　修城垣　辦清鄉　田房契登記　秋疫　冬大雨雪　修小清河撥民夫五百人　納軍務善後公債

十六年丁卯春旱　夏酷暑　納軍事特捐每正銀一兩征銀幣八元　冬十月弛罌粟禁　修縣署

十七年戊辰春國軍北伐山東督辦張宗昌失敗縣知事賈月印潛逃地方軍隊追之縶於獄　各界公推李雲峯爲臨時政務維

持會會長　魯東民軍至　夏兗州戰地委員會委李善謙爲縣長　六月二十四日匪酋黃鳳岐僞司令高玉璞攻城二十九日城陷民軍退　監犯奪門出囹圄空　七月五日魯東民軍反攻與匪軍戰於城東郭外民軍弗克　秋縣長許惠元奉省政府主席石敬亭委到任　冬縣長許惠元爲匪軍所迫潛逃黃鳳岐委徐仲傑爲僞縣長征臨時軍用費十九萬圓

十八年己巳春黃鳳岐焚殺紅門屠戮無算　三月旅長孫魁元大軍至黃遁走　孫旅長委張承先攝縣篆二十日征臨時軍用費二十二萬圓　縣長丁惟椽奉主席陳調元委到任　四月三

日匪軍司令張志誠率隊入城佔據七晝夜城內大亂匪衆搶掠一空商民死者十餘人　監犯又脫逃　縣長丁惟椽由南門出匪軍司令委郭景汾爲僞縣長二日　九日匪軍全部東竄　十六日又西下盤踞回河口大肆搶掠攻城北張家莊遇害者一百三十六人國軍四十六師師長范熙績遣隊擊之　六月縣長于信忱奉省委蒞任　中國紅卍字會派員放急振　十月旅長孫魁元率隊移防　善後維持會成立　設保衛總團十五區保衛分團成立

十九年庚午夏大股土匪佔紀臺縣長于信忱率隊攻擊之匪退

海匪據羊角溝二十日　于縣長受第三路指揮部令爲旅長委科長王錫玉代理縣長　于旅長駐辛家莊　晉軍馬鶴疇師部襲至駐西關旋東去　晉軍張蔭梧王靖國李服膺各部隊入城　晉軍在張建橋以南掘戰壕七里　晉軍與第三路軍在高皇營子作戰　晉軍委侯蘭昇爲縣長王錫玉卸篆　于旅長又受晉軍委任移駐寒橋劉家莊子迫令王錫玉奪印侯蘭昇交印卸事　晉軍退卻于旅全部逃逸王錫玉棄印倉皇出走　八月省政府主席韓復榘委張賀元爲縣長第三路旅長唐邦植率隊至同時趙鳴遠部駐城南三里莊子　十月時局敉平　奉令每

正銀一兩征收四元爲定額
二十年辛未立縣法院　令各區辦聯莊會　行使大銅圓
二十一年壬申辦清鄉　奉令地方附捐不得超過田賦正稅
修孔子廟　新建田賦徵收處大屋與大堂前東西舍　建築新
監獄　修五城門　濬城壕
二十二年癸酉九月縣長宋憲章到任　羊角溝水上警察併公
安局名曰水上公安局　區長皆迴避本籍　奉令取消縣法院
改院長爲承審員併入縣政府　奉令財政建設教育各局長皆
爲縣政府科長　初辦商店營業稅

二十三年甲戌縣長宋憲章奉令廢除牙行經紀稅　設戒煙所

頒行新生活運動　秋大有年　九月縣志編纂委員會成立